Werkstattbücher

Für Betriebsfachleute
Konstrukteure und Studenten

Herausgeber:
H. Determann W. Malmberg H. Rattay

108

H. Mauri

Vorrichtungsbau IV

Vollständige Bearbeitungsgänge
mit Vorrichtungen und Sonderwerkzeugen in Beispielen

Springer-Verlag
Berlin Heidelberg New York 1972

Herausgeber-Kollegium der Werkstattbücher

Dr.-Ing. HERMANN DETERMANN, Schulbehörde Hamburg
Dipl.-Ing. WERNER MALMBERG, Technisches Vorlesungswesen Hamburg
Prof. Dipl.-Ing. HELMUT RATTAY, Hamburg

Verfasser dieses Heftes

HEINRICH MAURI, Hamburg

Inhaltsverzeichnis

ISBN-13: 978-3-540-05602-7   e-ISBN-13: 978-3-642-65274-5
DOI: 10.1007/978-3-642-65274-5

Die Wiedergabe von Gebrauchsnamen, Handelsnamen, Warenbezeichnungen usw. in diesem Buche berechtigt auch ohne besondere Kennzeichnung nicht zu der Annahme, daß solche Namen im Sinne der Warenzeichen- und Markenschutzgesetzgebung als frei zu betrachten wären und daher von jedermann benutzt werden dürften. Das Werk ist urheberrechtlich geschützt. Die dadurch begründeten Rechte, insbesondere die der Übersetzung, des Nachdruckes, der Entnahme von Abbildungen, der Funksendung, der Wiedergabe auf photomechanischem oder ähnlichem Wege und der Speicherung in Datenverarbeitungsanlagen bleiben, auch bei nur auszugsweiser Verwertung, vorbehalten. Bei Vervielfältigungen für gewerbliche Zwecke ist gemäß § 54 UrhG eine Vergütung an den Verlag zu zahlen, deren Höhe mit dem Verlag zu vereinbaren ist. © by Springer-Verlag, Berlin/Heidelberg 1972. Printed in Germany.

Vorwort

Mit diesem IV. Teil soll die Reihe ,,Vorrichtungsbau‘‘ innerhalb der ,,Werkstattbücher‘‘, bisher bestehend aus I. Teil (Heft 33): Einteilung, Aufgaben und Elemente der Vorrichtungen, II. Teil (Heft 35): Typische allgemein verwendbare Vorrichtungen (Konstruktive Grundsätze, Beispiele, Fehler), III. Teil (Heft 42): Wirtschaftliche Herstellung und Ausnutzung der Vorrichtungen, abgeschlossen werden[1].

Die bei der Konstruktion von Vorrichtungen zu berücksichtigenden vielfältigen Umstände, wie Anlieferungszustand, Gleichmäßigkeit, Maßhaltigkeit, Werkstoffbeschaffenheit, Zerspanungsmenge und Stückzahl der Werkstücke sowie Art und Anzahl der einsatzbereiten Werkzeugmaschinen, sind bei Werkstücken ähnlicher Art nicht immer einheitlich. Sie geben den Vorrichtungen oft solche Eigenarten, daß diese nicht immer als Vorbilder für vergleichbare Werkstücke dienen können. Was in dem einem Fall richtig und zweckmäßig sein mag, kann in einem anderen Fall durchaus falsch sein. Um aber den jeweiligen Zweck zu erreichen, nämlich die besonderen Eigenheiten und die Wirkungsweise der Vorrichtungen besser verstehen und auch praktischen Nutzen aus ihnen ziehen zu können, werden in diesem IV. Teil Beispiele vollständiger Bearbeitungsgänge für die Reihenfertigung von mehr oder minder typischen Werkstücken beschrieben. Die dafür benötigten Vorrichtungen, Sonderwerkzeuge usw. werden diskutiert und, wo erforderlich, auch die besonderen Umstände erläutert, die zu den in den Beispielen angeführten zweckmäßigsten Arbeitsabläufen und den davon abhängigen, für die einzelnen Arbeitsstufen besten Lösungen der betreffenden Vorrichtungskonstruktionen geführt haben.

Möge auch dieses neue Buch ebenso wie bereits seine drei Vorgänger dem Vorrichtungskonstrukteur und dem Fertigungsfachmann noch manche Hinweise und Anregungen geben und vor allem den Studierenden für das Fachgebiet Fertigungstechnik zuverlässiger Ratgeber und Leitfaden sein.

I. Arbeits- und Vorrichtungsplanung

A. Arbeitsplanung

Es ist heutzutage infolge der fortschreitenden Rationalisierung geradezu eine zwingende Notwendigkeit, vor der Aufnahme der Neufertigung irgendeines Werkstückes zuerst einen gut durchdachten Arbeitsplan aufzustellen. Das ist Sache der Arbeitsvorbereitung, deren Hauptaufgabe neben anderen wichtigen Aufgaben es ist, die Arbeitsplanung und die Vorkalkulation durchzuführen. Hierbei muß man bestrebt sein, jeden unnötigen Aufwand an Zeit und Betriebsmitteln zu vermeiden und die wirtschaftlichste Ausnutzung der zur Verfügung stehenden Werkzeugmaschinen und sonstigen Betriebsmittel zu erreichen.

Selbstverständlich muß bei der Aufstellung des Arbeitsplanes bei den einzelnen Arbeitsstufen, für die nach Ansicht des Arbeitsplaners etwa eine neue Vorrichtung bzw. ein neues Sonderwerkzeug oder eine neue Sonderlehre vorgesehen werden

---

[1] Ergänzt werden diese ,,Werkstattbücher‘‘ durch Heft 51 (Deuring, H.: Spannen im Maschinenbau, 2. Aufl. 1953) und Heft 122 (Ferling, W. Ph.: Hydraulische Werkstückspanner, 1961).

1*

soll, der Vorrichtungskonstrukteur mit herangezogen werden. Bei der Kalkulation hat die Arbeitsvorbereitung die Kosten neuer Betriebsmittel selbstverständlich mit zu berücksichtigen.

Die Zusammenfassung möglichst vieler Aufträge gleicher Werkstücke zu großen Stückzahlen und damit zu einer gewissen Reihenfertigung ist selbstverständlich.

B. Vorrichtungsplanung

Es ist die Aufgabe des Vorrichtungsbaues, dem Betrieb die für eine wirtschaftliche Fertigung erforderlichen Hilfsmittel zum Rüsten, Spannen, Bearbeiten, Messen und Prüfen der Werkstücke, wie Vorrichtungen, Sonderwerkzeuge und -lehren, und in manchen Fällen sogar auch Sonderwerkzeugmaschinen zur Verfügung zu stellen. Arbeitsvorbereitung und Vorrichtungskonstruktion haben zu beurteilen, ob für eine bestimmte Arbeit der Einsatz einer Vorrichtung sich lohnt oder gar notwendig ist, denn die Vorrichtung kann mit zu den wichtigsten Faktoren zählen, die Einfluß auf die Wirtschaftlichkeit der Fertigung haben[1]. Lohnt sich die Eigenkonstruktion und die Herstellung im eigenen Betrieb nicht, so sollte im Bedarfsfall eine Spezialfirma zur Konstruktion und Herstellung herangezogen werden. Es darf nie verkannt werden, daß oft von dem Vorhandensein einer Vorrichtung und ihrer Gestaltung der Aufwand an Fertigungslöhnen in hohem Maße abhängen kann. Das betrifft ganz besonders die Reihenfertigung, die sogar auch in kleineren Werkstätten vorkommen kann. Deshalb sollten Arbeitsplaner und Vorrichtungskonstrukteur auch immer eng zusammenarbeiten. Es ist sachdienlich, wenn der Arbeitsplan bei Dauerfertigung desselben Werkstückes auch später noch hin und wieder von den beiden genannten Abteilungen überprüft wird; denn es gibt eigentlich keinen Arbeitsplan, der bei der immer stürmischer verlaufenden Entwicklung bei erneuter Durchsicht nicht noch verbesserungsfähig wäre.

Die Neuentwicklungen auf dem Gebiet des Werkzeugmaschinenbaues und der Betriebsmittel sowie des Ausgangszustandes des Vormaterials wie der Guß- Schmiede- und Gesenkstücke usw. und die laufend steigende Möglichkeit der Verwendung von Kaltpreß-Druck- und Spritzgußteilen machen es den beiden Abteilungen zur Pflicht, sich ständig über die neueste Entwicklung zu informieren und daraus auch noch für die laufende Fertigung durch eine in gewissen Zeitabständen durchzuführende Überprüfung und gegebenenfalls auch Änderung der Arbeitspläne Nutzen zu ziehen.

C. Zusammenarbeit von Arbeitsvorbereitung und Vorrichtungsbau mit der Konstruktion

Arbeitsvorbereitung und Vorrichtungsbau haben die Aufgabe, die Konstruktion an die Fertigung anzupassen, d. h. sie fertigungsreif zu machen. Beide Abteilungen müssen daher gut mit den Konstruktionsbüros zusammenarbeiten. Bei Neukonstruktionen sollten sie daher möglichst frühzeitig schon von den Konstruktionsbüros mit eingeschaltet werden. Sie beraten nicht nur den Konstrukteur über die erforderlichen Bearbeitungszugaben und die Schrumpfzugaben bei Schweißkonstruktionen, den gewünschten Anlieferungszustand der Werkstücke die etwa zum Spannen mitunter vorzusehenden Angüsse, Ansätze, Hilfszapfen usw. und geben ihm auch sonst wichtige Hinweise für eine werkstattreife Kon-

---

[1] Zum Konstruieren und Aufzeichnen der Vorrichtungen s. III. Teil, 6. Aufl., Abschn. A.

struktion, sondern sie können auch durch eine etwaige die Funktion des Werkstückes nicht beeinträchtigende Konstruktionsänderung manchmal eine einfachere Fertigung oder Vorrichtung bewirken.

Nur einige wenige simple, nachfolgend beschriebene Beispiele mögen das verdeutlichen:

1. Ein großer fast halbkugelförmiger gegossener Behälterdeckel (Bild 1) soll auf einer Senkrechtdrehmaschine an der Flanschfläche bearbeitet und in diese eine Nut eingedreht werden. Weil die Höhe der auf dem Tisch dieser Maschine vorhandenen Spannkloben *b* nicht ausreicht, um den Deckel außen am Flansch zu spannen, ist es zweckmäßig ein paar Hilfsknaggen *c* mit anzugießen, um die sonst notwendige Herstellung besonderer Spanneinrichtungen zu vermeiden. Diese Knaggen hat der Konstrukteur auf seiner Zeichnung mit vorzusehen.

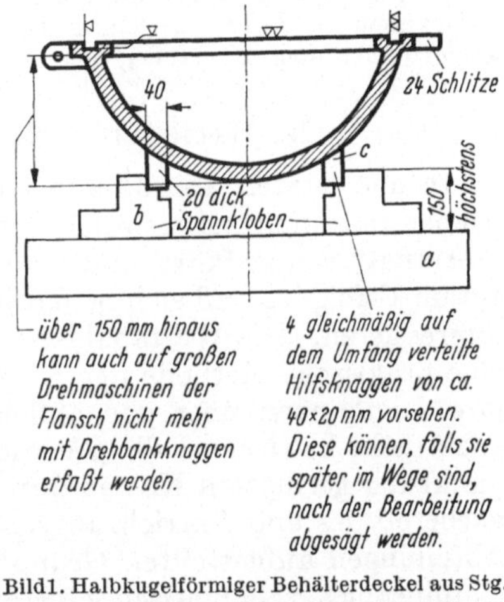

2. Die Ausführung der wegen zu geringer Stückzahl nicht im Gesenk geschmiedeten und daher aus Stangenmaterial herzustellenden Stangenaugen (Bilder 2 und 3) ist vom Konstrukteur wie im Bild 2 vorgesehen. Das bedeutet, daß sie nach dem in einer Fräsvorrichtung vorzunehmenden Anfräsen der Augenflächen *a* und dem in einer Bohrvorrichtung vorzunehmenden Bohren des Loches *b* dann noch außen herum gefräst werden müßten. Außerdem würde dann auch noch Handarbeit durch Verputzen des Überganges vom Zapfen zum Auge notwendig sein. Nach Rücksprache mit dem Konstrukteur würde sicher die Ausführung Bild 3 vorgezogen werden, weil so statt vier nur drei Arbeitsgänge durchgeführt und auch statt vier nur drei Werkzeugmaschinen eingesetzt zu werden brauchten und die Handarbeit gänzlich entfiele. Zudem ergibt sich mit dieser Ausführung auch eine einfachere Bohrspannvorrichtung. Obwohl nun allerdings für das Ausdrehen der Kugelform noch zwei Formmesser vorgesehen werden müssen, bringt diese Änderung eine Werkzeugmaschinenentlastung, eine wesentliche Arbeitsersparnis und damit eine erhebliche Kostensenkung.

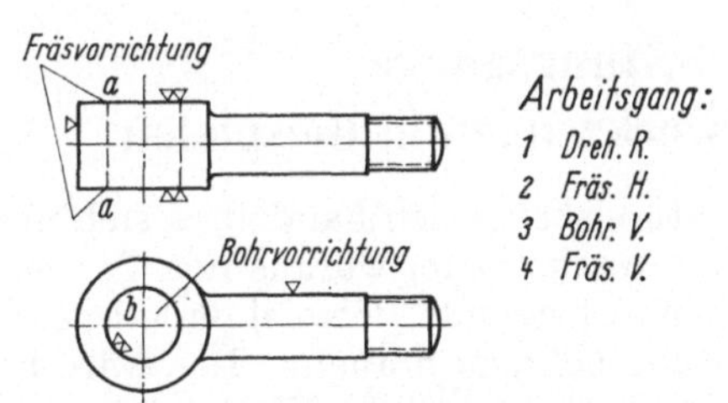

Bild 1. Halbkugelförmiger Behälterdeckel aus Stg. *a* Drehmaschinenplanscheibe, *b* vier Spannkloben (dazugehörig), *c* vier am Werkstück mit angegossene gleichmäßig am Umfang verteilte Hilfsknaggen zum Spannen

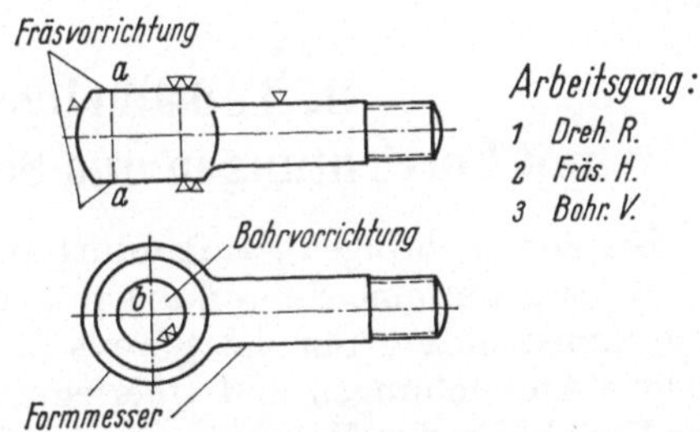

Bild 2. Stangenauge aus Stangenmaterial gearbeitet (unzweckmäßige Form)

Bild 3. Stangenauge aus Stangenmaterial gearbeitet (zweckmäßige Form)

3. In den Zwischenflansch einer Kupplung (Bild 4) muß das schräge Ölzuführungsloch *a* gebohrt werden. Das ist aber ohne eine entsprechend ausgeführte Bohrvorrichtung kaum möglich, weil der mit 5 mm Durchmesser verhältnismäßig schwache Bohrer ohne Führung bei der flachen Schräglage des Loches beim Aufsetzen an der Fläche *b* abgleiten oder das Loch sehr stark verlaufen würde. Da aber sonst eine solche Vorrichtung wegen der nicht erforderlichen

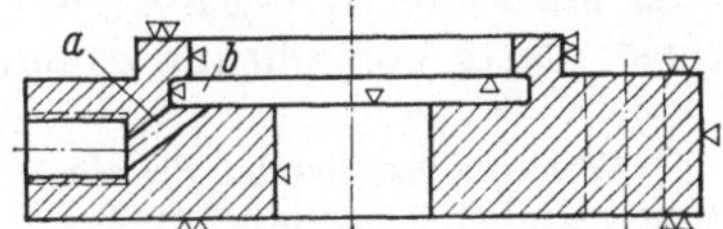

Bild 4. Zwischenflansch für eine Kupplung benötigt in dieser Ausführung zum Bohren des schrägen Loches *a* eine Bohrvorrichtung

Genauigkeit nicht benötigt wird, ist es möglich, durch eine mit einem Drehmeißel beim Drehen des Flansches auf der Drehbank mit einzudrehende Rille c (Bild 5) das Loch ohne Bohrvor-

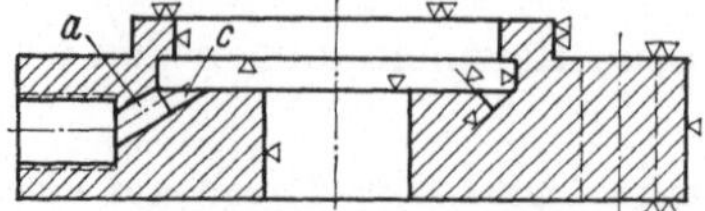

Bild 5. Zwischenflansch für eine Kupplung benötigt mit der angedrehten Rille c keine Bohrvorrichtung zum Bohren des schrägen Loches a

richtung zu bohren. Das Eindrehen der Rille beansprucht weniger Zeit als allein schon das Aufspannen der Bohrvorrichtung. Es wird also in diesem Falle nicht nur eine Vorrichtung, sondern auch noch Rüstzeit gespart.

D. Wertanalyse mit Beispielen aus der Praxis

In den letzten drei Jahren hat man auch schon in manchen deutschen Betrieben mit einer ausgesprochenen Reihen- und Massenfertigung die sogenannte Wertanalyse eingeführt, und zwar, wie eine Rundfrage ergeben hat, meistens mit gutem Erfolg, so daß sich neuerdings auch mittlere und kleinere Betriebe hierfür interessieren. Die Wertanalyse ist ein von den USA übernommener Begriff für eine praktische Methode der Kostensenkung, die durch ihre Art und Weise und ihre Logik noch über das übliche Rationalisierungsverfahren hinausgeht und auch mehr bewirken will. Sie widmet sich nicht nur der Fertigung vom Standpunkt der geringsten Kosten durch Zusammenarbeit von Konstruktion, Arbeitsvorbereitung und Vorrichtungsbau, sondern versucht mit einer aus diesen drei Abteilungen aufgestellten Gruppe von Fachleuten, die sich durch großzügiges, einfühlsames, schöpferisches, erfindungsfreudiges und duldsames Verhalten auszeichnen, durch außergewöhnlich kritische Überlegungen und durch Beobachtungen des Gegenstandes, seiner Konstruktion, seiner Eigenschaften und Funktion, seines Fertigungsablaufes usw. bezüglich Zweckmäßigkeit auf den wirtschaftlich wie ideell günstigsten Stand zu bringen und damit jeweils die kostengünstigsten und funktionsmäßig idealsten Lösungen zu erreichen. Hierdurch lassen sich für die Unternehmen in den meisten Fällen tatsächlich verblüffende Gewinne erzielen[1].

II. Vollständige Bearbeitungsgänge
mit Vorrichtungen und Sonderwerkzeugen in Beispielen

Bei den nachfolgend aufgeführten Bearbeitungsbeispielen handelt es sich nun nicht etwa um eine Sammlung rein typischer Werkstücke, woraus der Vorrichtungskonstrukteur nur das jeweils für seinen Fall passende Beispiel ohne irgendwelche Abweichungen und Überlegungen zu übernehmen braucht. Das wäre bei der Unzahl für den Maschinenbau typischer Werkstücke und der Vielschichtigkeit des Vorrichtungsbaues sowie der Abhängigkeit von den jeweils vorhandenen, oft sehr verschiedenartigen Werkzeugmaschinen und den manchmal erheblich unterschiedlichen Stückzahlen auch gar nicht möglich. Wo z. B. in einem Fall wegen der geringen Werkstückzahl die nur wegen der verlangten Austauschbarkeit der Werkstücke erforderliche Vorrichtung nur auf diesen Zweck hin konstruiert und deshalb so einfach wie möglich sein muß, kann für das gleiche Werkstück im Falle einer Massenfertigung nur eine auf kürzeste Rüst-, Neben- und Arbeitszeiten hin konstruierte Vorrichtung zu einem Höchstmaß an Arbeitszeitersparnis und einem

---

[1] Wertanalyse aus der Praxis, VDI-Bericht Nr. 125, 1968, S. 55/82 und Fortdruck. VDI-Verlag GmbH, Düsseldorf 1968.

Mindestmaß an Werkzeugmaschineneinsatz und damit zum wirtschaftlichen Erfolg führen.

Es wäre aber wohl wenig sinnvoll, hier nun etwa auch Beispiele für raffinierte automatische Spannungen aufzuführen, wie sie die reine Massen- oder Fließbandfertigung verlangt, weil dieses Gebiet viel zu umfangreich ist und der beschränkte Raum dieses Buches besser für Beispiele aus der in der Mehrzahl der Betriebe üblichen Reihenfertigung genutzt werden soll und Betriebe mit ausgesprochener Fließbandfertigung, wie z. B. der Automobilbau, über Vorrichtungskonstruktionsbüros mit den erfahrendsten und findigsten Spezialisten verfügen.

Immerhin zeigen aber die in den einzelnen Beispielen dargestellten Vorrichtungen die Grundausführungen für eine gewisse Reihenfertigung und können hierfür zugleich als typisch und optimal und daher als richtungweisend angesehen werden. Je nach der zu bearbeitenden Stückzahl, den vorhandenen Werkzeugmaschinen und Betriebsmitteln können diese Beispiele so übernommen, ergänzt, abgewandelt oder vervollkommnet werden, daß sie in einem Fall besser für mechanisches Spannen und in einem anderen Fall vorteilhafter für hydraulisches (Drucköl- bzw. Mipolamspannung)[1] oder für pneumatisches Spannen eingerichtet oder sogar auch besondere Zuführ- und Abführeinrichtungen geschaffen werden. Hierbei muß immer der Leitsatz Richtschnur sein: *„Mit dem geringsten Aufwand zur höchsten Wirtschaftlichkeit!"*

A. Herstellung von Kupplungsscheiben und ähnlichen Teilen aus dem Vollen

Bei vielen Arten von Werkstücken, besonders bei reinen Drehkörpern, taucht manchmal die Frage auf, ob es billiger ist, sie aus Vollmaterial auszudrehen oder zu gießen bzw. zu schmieden. Stehen Schruppdrehbänke zur Verfügung, so wird die Kalkulation bei nicht zu großen Teilen meistens ergeben, daß das Ausdrehen am billigsten ist; denn es kommen andernfalls auch noch die Modell- bzw. Gesenkkosten oder Kosten für die Warmbehandlung hinzu. Im nachfolgenden Beispiel wurde deshalb die Bearbeitung aus dem Vollen gewählt.

Zur Herstellung der Kupplungsscheiben werden zunächst Rohlinge von der Stange abgeschnitten. Um sie billig auf der Drehmaschine ausschruppen zu können, müssen sie so fest eingespannt werden, daß die Maschine mit voller Leistung arbeiten kann. Für gewöhnlich stehen zum Einspannen derartiger Teile zwei Wege offen: entweder werden sie im Dreibackenfutter oder, nach dem Bohren des großen Loches, auf einem fliegenden Spreizdorn aufgenommen. In beiden Fällen wird aber das Werkstück nicht fest genug sitzen, sondern sich bei voller Ausnutzung der Maschine auf dem Dorn drehen bzw. aus den Backen herausrutschen, zumal es nur sehr knapp mit den Backen gefaßt werden kann. Auch tritt beim Einspannen in ein Backenfutter noch der Nachteil hinzu, daß das Werkstück an den Einspannstellen nicht mit übergedreht werden kann (Bilder 6, 8 und 9).

Alle Nachteile entfallen aber durch entsprechende Vorbereitung ohne Mehrkosten. Entgegen den Gepflogenheiten werden in diesem Fall dazu die Bolzenlöcher vorher gebohrt, so daß das Werkstück durch diese mit der Maschine fest gekuppelt werden kann. Auch das Mittelloch muß vorher gebohrt werden, und zwar in einer besonderen Arbeitsstufe mit einer anderen Vorrichtung. Für die Konstruktion und Wirkungsweise der Vorrichtung ist es nämlich nicht gleichgültig, welche Löcher zuerst gebohrt werden. Würde man mit dem großen Loch beginnen, so müßte das Werkstück sehr fest eingespannt werden, damit es sich nicht mitdrehen kann. Kraft- und Zeitverlust wären die Folge. Auch in der zweiten Stufe müßte das Werkstück sehr fest eingespannt werden. Bei umgekehr-

---

[1] Siehe Heft 122, W. Ph. Ferling, Hydraulische Werkstückspanner.

ter Reihenfolge wird es jedoch beim Bohren des großen Loches durch Stifte, die in die kleinen Löcher eingreifen, am Mitdrehen gehindert und braucht daher überhaupt nicht eingespannt zu werden. Außerdem wird es durch die Stifte, die in den Löchern ein zulässiges Spiel haben, gemittet.

Für das *Bohren der Bolzenlöcher* als der ersten Arbeitsstufe nach dem Absägen von der Stange wird am besten eine sogenannte universelle Schnellspann-Mehrzweck- oder Vielzweckbohrspannvorrichtung (Bild 6) benutzt, die ihrer Gattung nach zu den Standbohrspannvorrichtungen gehört. Sie unterscheiden sich von den gewöhnlichen Vorrichtungen dieser Art nur dadurch, daß der die Bohrbuchsen tragende Teil der Vorrichtung, also die eigentliche Bohrplatte oder Bohrschablone, und die Elemente für die Werkstückaufnahme auswechselbar sind, so daß die gleiche Vorrichtung für eine ganze Anzahl verschiedenartiger, vornehmlich aber einfacher und flacher Werkstücke gebraucht werden kann. Wegen ihrer vielseitigen Verwendbarkeit und ihrer praktischen Handhabung haben sich diese Vorrichtungen in steigendem Maße in den Werkstätten eingeführt.

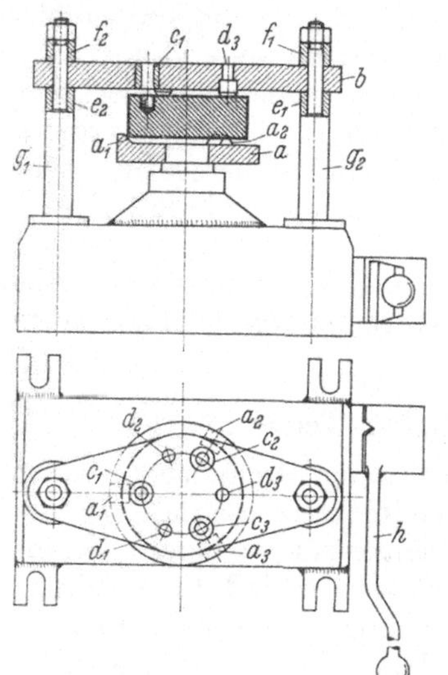

Bild 6. Universale Schnell- bzw. -Vielzweckbohrspannvorrichtung mit Ein-Griff-Spannung

a austauschbares Spann- und Ausmittstück mit den Ausmittknaggen $a_1 \cdots a_3$, *b* austauschbare Bohrplatte (Bohrschablone) mit den Bohrbuchsen $c_1 \cdots c_3$, $d_1 \cdots d_3$ Kuppenstützen (Dreipunktauflage), e_1 und e_2 sowie f_1 und f_2 Distanzbuchsen zur Höheneinstellung der Bohrplatte, g_1 und g_2 Spannsäulen, durch unter Stabfederung stehenden Hebel *h* auf- und abbewegbar und dadurch mit der ihnen fest verbundenen Bohrplatte das Werkstück spannend

Wie das Bild 6 zeigt, brauchten in diesem Fall nur das Spann- und Ausmittsück *a* und die Bohrplatte *b* neu angefertigt und zur Höheneinstellung der Bohrplatte die Distanzbuchsen e_1 und e_2 sowie f_1 und f_2 gegen andere ausgetauscht zu werden. Zu dem Vorteil der geringeren Kosten für das Einrichten der Schnellbohrspannvorrichtung durch den Anbau einiger neuer Teile kommt auch noch der Vorteil, daß das Spannen an dieser Vorrichtung leicht ist und weniger Kraftaufwand erfordert, weil es federbetätigt ist[1]. Hier sei nur bemerkt, daß das Werkstück in den drei Knaggen a_1 bis a_3 des Spann- und Ausmittstückes *a* aufgenommen und zentriert und an der noch unbearbeiteten Oberfläche der Kupplungsscheibe gegen die drei Kuppenstützen d_1 bis d_3 (Dreipunktauflage) gespannt wird. Das Werkstück wird hier mit der Bohrplatte *b* nach unten gegen den Vorrichtungskörper gespannt, weil die mit der Bohrplatte fest verbundenen Spannsäulen g_1 und g_2 durch den unter Federspannung stehenden Spannhebel *h* auf- und abbewegt werden.

Für eine Massenfertigung stellt eine hierauf spezialisierte Nebenindustrie auch Schnellspann-Bohrvorrichtungen mit pneumatischer und hydraulischer Spannung (Hydro-Schnellspann-Bohrvorrichtung) her. Bild 7 zeigt eine pneumatisch spannende. Die Paßstifte a_1 und a_2 sind für die Aufnahme der austauschbaren Spann- und Ausmittstücke bestimmt. Die Säulen b_1 und b_2 tragen die austauschbaren Bohrplatten *c*. Die Preßluft wird durch den Hebel *d* zu- und abgeschaltet.

---

[1] Zur Wirkungsweise und zu den einzelnen im Inneren des Vorrichtungsblockes liegenden Spannelementen s. II. Teil, 7. Aufl., Abschn. 35 und 40.

In diesem Vorrichtungsbeispiel läßt sich die reine Arbeitszeit für das Bohren der Bolzenlöcher ganz bedeutend verkürzen, indem man mit einem dreispindeligen Mehrspindelbohrkopf alle drei Löcher auf einmal bohrt[1].

Für das *Bohren des Mittelloches* zeigt Bild 8 eine zweckdienliche Standbohrspannvorrichtung in ebenfalls geschweißter Ausführung. Wie schon erwähnt, wird das Werkstück hierbei nicht gespannt, sondern durch die drei Kuppen-

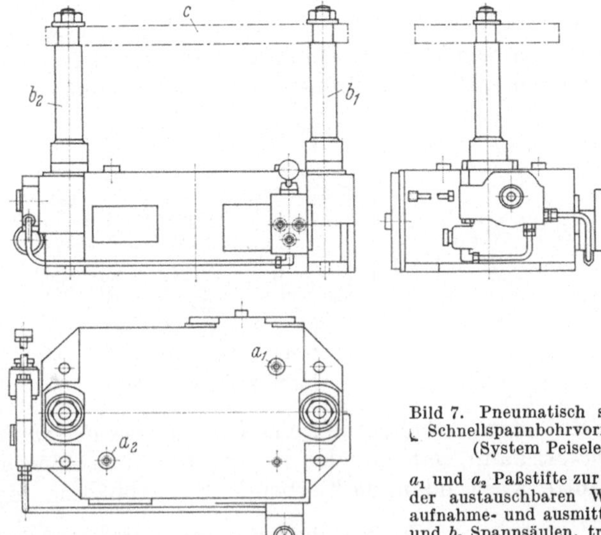

Bild 7. Pneumatisch spannende Schnellspannbohrvorrichtung (System Peiseler)

a_1 und a_2 Paßstifte zur Fixierung der austauschbaren Werkstückaufnahme- und ausmittstücke; b_1 und b_2 Spannsäulen, tragen austauschbare Bohrplatte c; d Preßlufthebel

stützen b_1 bis b_3 unterstützt und durch die drei in die bereits gebohrten Bolzenlöcher eingreifenden Ausmitt- und Haltestifte a_1 bis a_3 gemittet und am Verdrehen beim Bohren des großen Mittelloches gehindert. Während die Bolzenlöcher in der vorhergehenden Arbeitsstufe bereits fertiggebohrt worden sind, ist das Mittelloch jedoch nur mit einem geringen Untermaß vorzubohren. Bemerkenswert ist an dieser Vorrichtung, daß eine mittels Handgriff d zu betätigende Auswerferschraube c vorgesehen ist, mit der das Werkstück nach dem Bohren schnell von den Stiften entfernt werden kann. Es wäre ohne weiteres möglich, auch für das Bohren des Mittelloches eine etwa vorhandene Schnell- bzw. Vielzweck-Bohrspannvorrichtung ähnlich Bild 6 oder 7 einzurichten. Das ist jedoch hier wegen des bei der Größe des Loches erforderlichen hohen Spanndruckes nicht empfehlenswert. Vielmehr ist hier besser eine steife und unempfindliche Vorrichtung vorzuziehen.

Zum *Ausschruppen und Fertigdrehen einer Seitenfläche* wird eine Spannvorrichtung benötigt, wie sie Bild 9 zeigt. Ihre Wirkungsweise ist bereits an Hand mehrerer Beispiele für Rundbearbeitung beschrieben worden[2] und wohl auch ohne weitere Erklärungen aus dem Bild zu entnehmen.

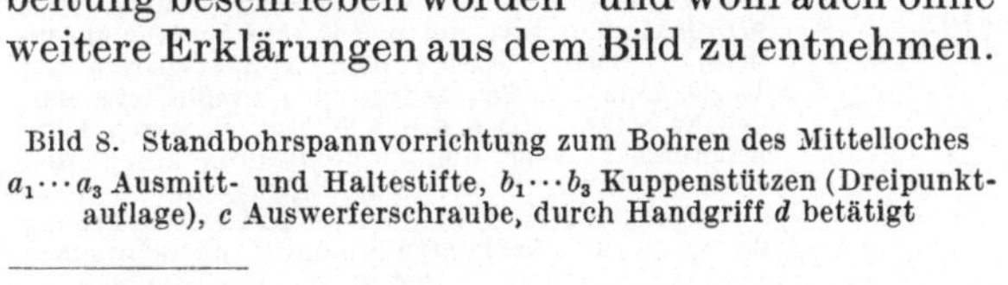

Bild 8. Standbohrspannvorrichtung zum Bohren des Mittelloches
$a_1 \cdots a_3$ Ausmitt- und Haltestifte, $b_1 \cdots b_3$ Kuppenstützen (Dreipunktauflage), c Auswerferschraube, durch Handgriff d betätigt

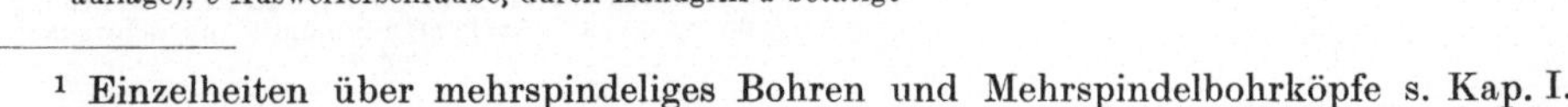

---

[1] Einzelheiten über mehrspindeliges Bohren und Mehrspindelbohrköpfe s. Kap. I.
[2] Siehe II. Teil, 7. Aufl., Abschn. II.

An allen Vorrichtungen für die beschriebenen Arbeitsstufen wird das Werkstück an denselben Stellen unterstützt. Dadurch wird erreicht, daß auch bei unebener oder windschiefer Oberfläche die Richtung der Flanschlöcher mit der des Mittelloches bzw. der Drehachse übereinstimmt.

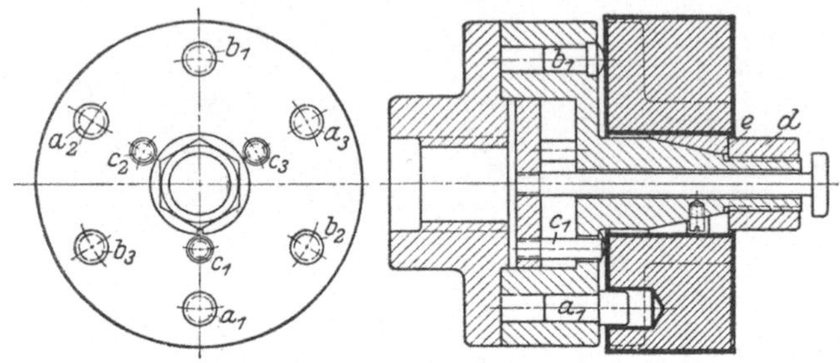

Bild 9. Fliegende Rundbearbeitung-Spannvorrichtung
$a_1 \cdots a_3$ Ausmitt- und Mitnehmerstifte, $b_1 \cdots b_3$ Kuppenstutzen (Dreipunktauflage), $c_1 \cdots c_3$ Auswerferstifte, durch Spannmutter d zu betätigen, e Spreizhülse

Für die letzte Arbeitsstufe, das *Fertigdrehen der zweiten Seitenfläche und des Mittelloches*, kann man auf der Revolverdrehmaschine ein gut mittendes Dreibackenfutter verwenden, da hierbei die Spanabnahme nur sehr gering ist.

B. Bearbeitung von Pufferstößeln[1]

Bei dem folgenden Arbeitsbeispiel liegen die Verhältnisse ähnlich wie im vorigen, denn der runde Körper bietet zunächst keine Handhabe für eine zwangsläufige Mitnahme beim Drehen. Auch kann der Pufferstößel nicht in ein Backenfutter eingespannt werden, da er mit Rücksicht auf gleichmäßige Wandstärken von innen gemittet werden muß. Er läßt sich aber ebenfalls ohne Mehrkosten so vorbereiten, daß er gemittet zum Innenraum aufgespannt und mit der Drehbankspindel durch Mitnehmerstifte fest gekuppelt werden kann, indem zuerst die zum Annieten der Pufferteller bestimmten Nietlöcher in den Flansch gebohrt werden. Diese Maßnahme muß hier wie auch im vorigen Beispiel besonders betont werden, da es sonst üblich ist, Bolzen-, Schrauben- und Nietlöcher ganz zuletzt nach der sonstigen Bearbeitung zu bohren.

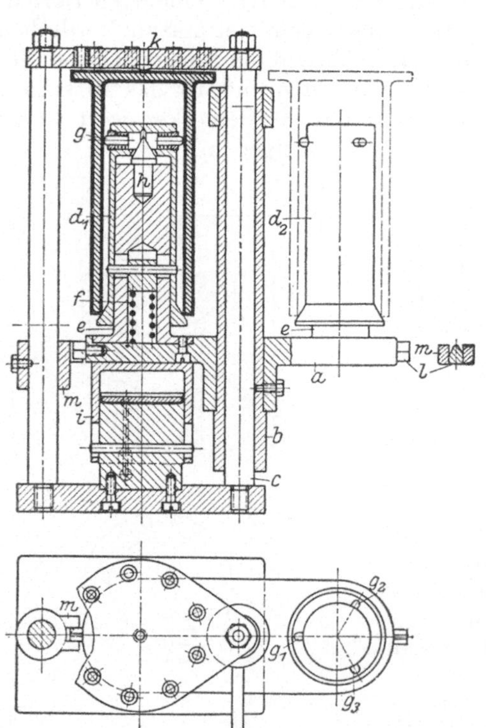

Bild 10. Durch Preßluft betätigte Standbohrspannvorrichtung mit schwenkbarem Zubringer
a Schwenktisch, sitzt fest auf Hohlwelle b und mit dieser radial und achsrecht beweglich auf Welle c; d_1 und d_2 Ausmittbuchsen, achsrecht beweglich auf Dornen e werden auf Druckfedern f nach oben gedrückt; g drei Ausmittbolzen, am Umfang gleichmäßig verteilt, werden beim Abwärtsgleiten auf Kegel h nach außen gedrückt; i Preßluftzylinder, drückt Schwenktisch a mit Werkstück gegen Kuppenstütze k, wobei dieses unten durch Kegel und oben durch Ausmittbolzen $g_1 \cdots g_3$ ausgemittet wird; l Führungszapfen, führt sich bei Aufwärtsbewegung des Schwenktisches in m; n Handgriff zum Schwenken von a

---

[1] Siehe DIN 25606 Blatt 1, Bild 17, Teil 3.

Für das zuerst vorzunehmende *Bohren der Nietlöcher* ist die Standbohrspannvorrichtung (Bild 10) vorgesehen, die mit Preßluft arbeitet. Sie genügt auch bei fortlaufender Fertigung den höchsten Anforderungen, denn die Nebenzeiten des verhältnismäßig schweren Werkstückes betragen nur 2 bis 3 s. Das ist nur möglich, weil die Vorrichtung außerordentlich leicht und ohne größeren Kraftaufwand bedient werden kann, da nur der Preßlufthahn und der Zubringer an einem Hebel n zu bewegen sind. Dieser Zubringer ist eine besondere Eigenheit dieser Standbohrspannvorrichtung. Er trägt zwei mittende Dorne e und sitzt als schwenkbarer Tisch a fest auf der Hohlwelle b und läßt sich mit dieser auf der fest in der Grundplatte eingeschraubten Säule c radial und achsrecht bewegen. Auf den beiden Dornen sitzen achsrecht beweglich die Ausmittbuchsen d_1 und d_2, die durch die Druckfedern f nach oben gedrückt werden. Die drei gleichmäßig am Umfang verteilten Zentrierbolzen g werden beim Abwärtsgleiten auf Kegel h nach außen gedrückt und mitten so zusammen mit den unteren kegelartig ausgebildeten Enden der Ausmittbuchsen den Pufferstößel aus, wenn durch den Preßluftzylinder i der Schwenktisch a beim Anstellen der Preßluft mit dem Werkstück nach oben gedrückt wird, bis dieses an der Kuppenstütze k anliegt (Einpunktauflage). Beim Aufwärtsbewegen des Schwenktisches führt der Führungszapfen l in dem an der Spannsäule fest angebrachten mit einer entsprechenden Führungsnut versehenen Führungselement m. Die Dorne können abwechselnd und unmittelbar vom Hebezeug während des Betriebes be- und entladen werden. Das Bild 10 ist eine Prinzipskizze, denn genau genommen ist die Stirnfläche des Stößelflansches ballig und wird der Schwenktisch a der Vorrichtung heutzutage verzugsweise als Schweißkonstruktion ausgeführt.

Der Arbeitsdruck, also die Vorschubkraft, ist bei dieser Vorrichtung gegen den Spanndruck gerichtet, der also größer sein muß. Vor Berechnung der Preßluftkolbenfläche ist daher zunächst die Vorschubkraft (Axialdruck) nach dem Schaubild auf Bild 11 zu ermitteln. Mit Rücksicht auf vielleicht stumpfe Bohrer, harte Stellen in Gußteilen und einen möglicherweise schwankenden Preßluftdruck muß hierbei mit mehrfacher Sicherheit gerechnet werden.
Als Hebezeuge sind vorzüglich elektrische Hubzüge geeignet, wie sie heute in modernen Werkstätten vielfach zusätzlich zu den schwereren Laufkränen über mittelschweren Werkzeugmaschinen für solche Werkstücke angebracht sind, die einerseits für das Aufsetzen auf die Werkzeugmaschine von Hand schon reichlich schwer sind, andrerseits aber beim Einsatz der für schwerere Werkstücke vorgesehenen Laufkräne unnötige und zeitraubende Kranwartezeiten verursachen könnten. Manchmal sind die elektrischen Hubzüge so angeordnet, daß sie zwei oder gar auch drei Werkzeugmaschinen bedienen müssen, so daß bei Werkstücken mit verhältnismäßig kurzen Arbeitszeiten wie bei den hier vorliegenden, also mit häufigem Auf- und Abspannen, sich auch bei Vorhandensein eines elektrischen Hubzuges noch Verlustzeiten ergeben können. In solchem Falle und besonders auch dann, wenn an der betreffenden Werkzeugmaschine überhaupt kein Hubzug vorhanden ist, weil meistens leichtere Teile auf ihr bearbeitet werden und solch ein Werkstück wie der Pufferstößel einen Grenzfall darstellt, läßt sich leicht mit einer Preßluft-Hebeeinrichtung (Bild 12) arbeiten. Diese ist für solche Werkstücke, die sich nur unter schweren körperlichen Anstrengungen oder überhaupt nicht mehr von einem Mann allein auf die Werkzeugmaschine bringen lassen, ganz besonders gut geeignet. Diese Preßluft-Hebeeinrichtungen sind billig, einfach zu bedienen, überall sehr schnell und einfach mit nur zwei Halteschellen anzubringen und können daher sehr leicht örtlich versetzt werden. Wenn sie die elektrischen Hubzüge auch nicht in allen Belangen ersetzen können, so bieten sie doch eine gute Ergänzung hierzu mit vielen Einsatzmöglichkeiten. So können sie in dem hier behandelten Bearbeitungsbeispiel (Pufferstößelherstellung) z. B. für alle drei mechanischen Arbeitsstufen ganz besonders gut gebraucht werden.

Bei den wohl stets bei derartigen Werkstücken, wie die Pufferstößel, vorkommenden großen Stückzahlen, ist es ganz besonders geboten, die Löcher entweder an einer Vielspindelbohrmaschine oder mit einem Mehrspindelbohrkopf zu bohren. Nun lassen sich allerdings mit einem Mehrspindelbohrkopf nicht alle neun Löcher auf einmal bohren, weil erstens die handelsüblichen Mehrspindelköpfe nur bis zu acht Bohrspindeln haben und weil zweitens der Arbeitsdruck von neun Bohrspindeln für die üblichen Bohrmaschinen zu groß wäre, so daß auch eine Eigenkonstruktion mit neun Bohrspindeln sinnlos wäre.

Wenn also keine spezielle Vielspindelbohrmaschine hierfür zur Verfügung steht oder eine etwa vorhandene vielleicht wegen der Art und Form der Pufferstößel sich hierfür nicht verwenden läßt, bleibt nur die Möglichkeit, die neun Löcher mit einem einstellbaren dreispindeligen Mehrspindelbohrkopf in drei Bohrgängen zu je drei Löchern zu bohren. Selbst dann, wenn wegen eines auch für

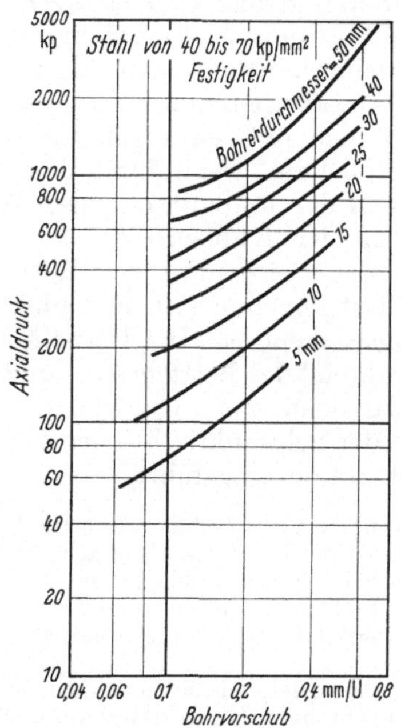

Bild 11. Abhängigkeit des Axialdruckes vom Vorschub beim Bohren von Stahl mit 40 ··· 70 kp/mm² Festigkeit

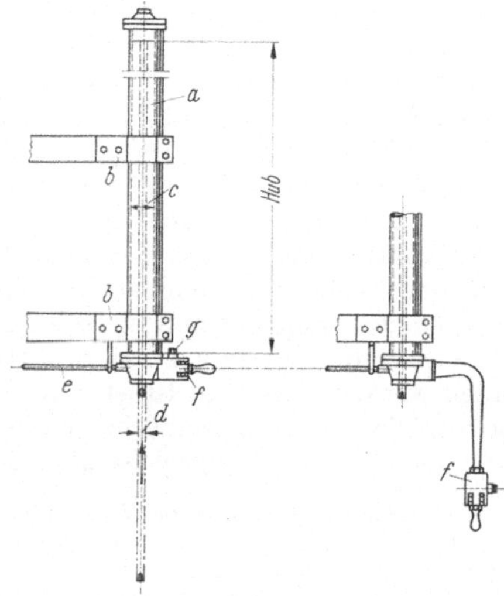

Bild 12. Preßluft-Hebevorrichtung)
(Forkardt, Düsseldorf)

a Preßluftzylinder, in Halteschellen b verschiebbar; c Preßluftkolben; d Kolbenstange; e Zuleitung; f Regulierungs-Steuerhahn zum Halten in beliebiger Stellung; g Einstellschraube für Geschwindigkeitsregulierung

drei Bohrspindeln noch zu hohen Arbeitsdruckes ein etwas geringerer Vorschub als bei einer Bohrspindel üblich gewählt werden müßte, was bei der geringen Anzahl der Bohrspindeln kaum anzunehmen ist, wird immer noch ein beachtenswerter Zeitgewinn dabei herausspringen. Für das mehrspindelige Bohren ist aber nicht das vorerwähnte Bild 11, sondern das Leistungsdiagramm Bild 48 für die Berechnung der Preßluftkolbenfläche heranzuziehen[1].

Es folgt dann das *Drehen der zylindrischen Mantelfläche und das Eindrehen einer Nut.* Das Einspannen der Pufferstößel für diese Arbeitsstufe ist in Bild 13 dargestellt. Es sind dafür zwei Sondervorrichtungen aus der Gruppe der Spannvorrichtungen für Rundbearbeitungen erforderlich. Die Drehbankspindel trägt eine Mitnehmerscheibe mit einer Kugelwippe a als Druckverteiler. In dieser Wippe sitzen, um je 120° versetzt, drei kegelig abgesetzte Stifte c, durch die das Flanschende des Werkstückes gemittet und mitgenommen wird. Das andere Ende des Werkstückes wird durch einen abgestumpften Kegel d gemittet, der auf eine mitlaufende Reitstockspitze e aufgeschrumpft ist und so mit dem Werkstück umläuft.

---

[1] Weitere Einzelheiten s. Kap. I.

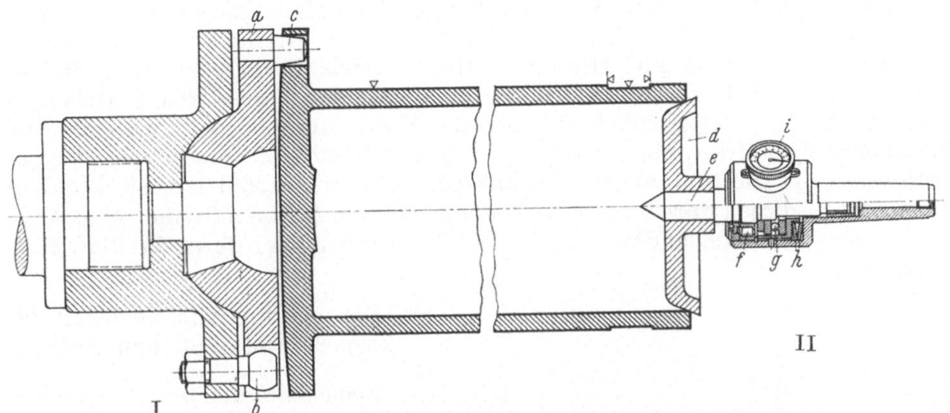

Bild 13. I und II Rundbearbeitung-Spannvorrichtungen zum Drehen von Pufferstößeln
I an der Drehbankspindel: *a* Druckverteiler (Kugelwippe), *b* Mitnehmerbolzen und *c* kegelig abgesetzte Ausmitt-
und Mitnehmerstifte (jeweils drei Stück gleichmäßig am Umfang verteilt)
II am Reitstock: *d* Ausmittkegel, aufgeschrumpft auf mitlaufende Reitstockspitze *e*, mit Dehnungsausgleich,
labyrinthartiger Abdichtung und nachstellbarer Lagerung (z. B. wie System Bohner und Köhle, Eßlingen), *f* Radial
wälzlager, *g* Axialkugellager, *h* federnde Scheiben für Druckausgleich, *i* Druckanzeige

Zur Anordnung der Kugelwippe *a* ist folgendes zu bemerken: beim Einspannen eines Werkstückes zwischen Spitzen kann dieses nur durch Einpunktauflage unterstützt werden. Stützmittel ist hierbei in der Regel die Körnerspitze der Drehbankspindel, die das Werkstück gleichzeitig auch mittet. Da in diesem Falle aber durch die drei Kegelstifte *c* gemittet wird, weil das Anbohren des Körners erspart werden soll, so ist der feste Stützpunkt in drei bewegliche durch die Kugelwippe zerlegt worden. Diese werden durch die drei Kegelstifte gebildet. Der theoretische Stützpunkt ist aber etwas veränderlich da die Lochränder wegen der auftretenden Lochunterschiede nicht immer an der gleichen Stelle der Kegelstifte aufliegen können. Das Werkstück kann also nicht genau bestimmt werden. Wegen der großen zulässigen Toleranzen kann dieser Umstand jedoch vernachlässigt werden, so daß trotzdem mit Anschlägen gearbeitet werden kann.

Damit die drei Kegelstifte auch bei größerer Schrägstellung der Kugelwippe genau mitten, ist es erforderlich, daß der Drehmittelpunkt der Kugelwippe in der Bestimmungsebene liegt. Die Anordnung der Kugelwippe ist unvermeidlich bei Pufferstößeln oder ähnlichen Werkstücken mit durchgehender Bohrung. Die umlaufende Reitstockspitze ist eine Sonderausführung, weil sie die aufzuschrumpfende kegelige Ausmittscheibe *d* aufnehmen muß. Sie hat ein Radialwalzlager *f* und zur Aufnahme des Axialdruckes ein Längskugellager. Zur Entlastung des Längskugellagers bei Längenausdehnung des Werkstücks durch Erwärmung sind die durchfedernden Scheiben *h* vorgesehen. Diese Konstruktion kann auch für genaue Arbeiten verwendet werden.

Bild 14. Fliegende Rundbearbeitung-Spannvorrichtung in Stützlager laufend

a Ausmitt- und Mitnehmerstifte (drei Stück gleichmäßig am Umfang verteilt); b_1 und b_2 Zughaken, werden durch Federn c_1 und c_3 nach außen gedrückt und öffnen und schließen sich selbst bei achsrechter Bewegung durch Querhaupt *d*; Zugstange, durch Preßluftkolben zu bewegen; *f* Stützlager

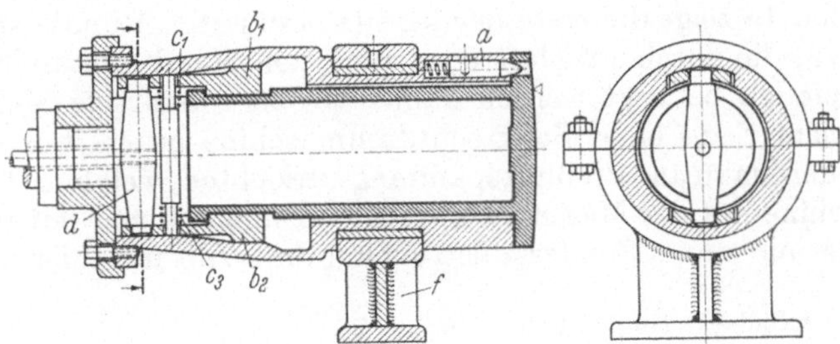

Darauffolgend ist sodann das *Andrehen der Flanschstirnfläche* vorzunehmen, was wegen der leichten Balligkeit dieser Fläche auf einer Drehmaschine mit Seitenkopiereinrichtung geschieht. Hierfür ist die fliegende Rundbearbeitung-Spannvorrichtung von Bild 14 vorgesehen, die noch in einem besonderen Stützlager *f* gelagert ist. Der Pufferstößel wird mit der Vorrichtung wieder durch die drei Mitnehmerkegelstifte a_1 bis a_3 gekuppelt, die so weit zurückfedern können, bis der Flansch an der Bestimmungsfläche anliegt. Die am Stößel eingedrehte Nut ermöglicht es, diesen durch die zwei Zughaken b_1 und b_2, die mit einer Zugstange *e* verbunden sind, am anderen Ende der Drehbankspindel durch Preßluft festzuspannen.

C. Bearbeitung von Speichenradkörpern und ähnlichen Teilen

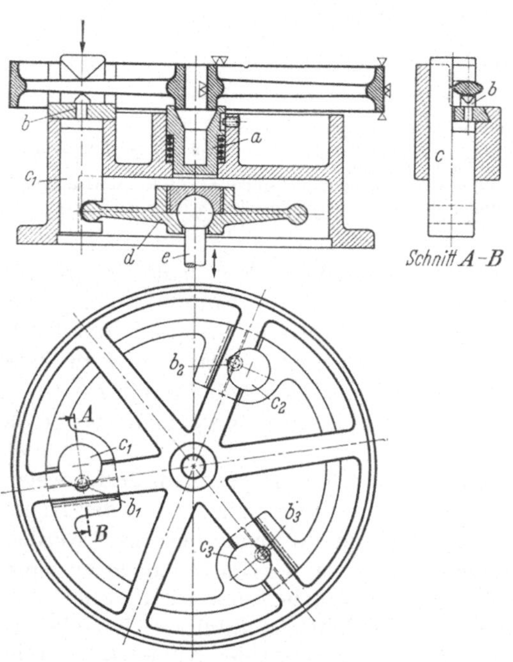

Bild 15. Fliegende Rundbearbeitung-Spannvorrichtung
a Ausmittinnenkegel, $b_1 \cdots b_3$ Kammstützen (Dreipunktauflage), $c_1 \cdots c_3$ Zughaken, werden durch Druckverteiler *d* und Zugstange *e* bewegt

Speichenradkörper, besonders leichtere, gehören zu den Werkstücken, die beim Drehen leicht verspannt werden können. Auch der geübte Dreher hat bisweilen Mühe, diese Teile so zu bearbeiten, daß sie schlagfrei laufen. Mit sachgemäß konstruierten Vorrichtungen, wie sie nachfolgend gezeigt und beschrieben werden, geht das jedoch ganz mühelos; denn ein Verspannen des Werkstückes ist damit fast unmöglich. Sie lohnen sich daher meistens auch schon bei kleineren Stückzahlen, wie sie von derartigen Werkstücken in der Regel wohl auch nur vorkommen, so daß trotzdem auch die Beschreibung dieses Beispieles in diesem Rahmen berechtigt ist.

Die erste Arbeitsstufe ist das *Bohren und Anflächen der Nabe und Fertigdrehen des Kranzes*. Die günstigste Form für die erste Aufspannung ganz allgemein und besonders auch für die Konstruktion der Vorrichtung haben Speichenradkörper dann, wenn die Zahl der Speichen durch drei teilbar ist, wie im vorliegenden Beispiel; denn es ist dann eine natürliche Dreipunktauflage möglich[1]. Darauf sollte die Konstruktionsabteilung von der Arbeitsvorbereitung hingewiesen werden. Bild 15 zeigt die erste der bereits erwähnten Rundbearbeitung-Spannvorrichtungen, die durch Preßluft oder auch von Hand (am anderen Ende der Drehbankspindel) betätigt werden kann. Größere derartige Werkstücke lassen sich aber leichter auf einer Senkrechtdrehmaschine bearbeiten. Hierbei muß man allerdings dann auf Preßluftspannung verzichten, weil hier der auf der Spitzendrehmaschine mit der Maschinenspindel verbundene und mit umlaufende Preßluftzylinder nur durch Sonderkonstruktion unterzubringen ist (s. Bild 33).

---

[1] Siehe I. Teil, 9. Aufl., Abschn. 26.

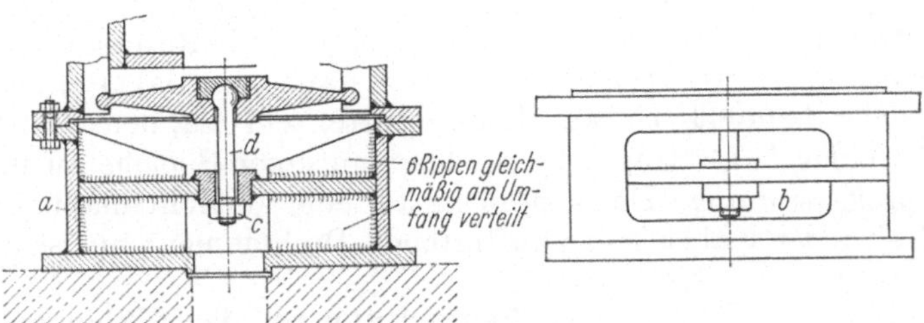

Bild 16. Zusätzliches Flanschspannfutter zur Benutzung
der fliegenden Rundbearbeitung-Spannvorrichtung
Bild 15 auf einer Senkrechtdrehmaschine

a Spannfutter, *b* sechs Durch-
brüche zum Spannen der
Mutter *c*

Es gibt zwar auch handelsübliche kraftbetätigte Dreibackenfutter speziell für Senkrechtdrehmaschinen, doch sind diese zum Spannen größerer Speichenradkörper mit ihren kurzen Naben nicht anwendbar, so daß für die Bearbeitung auf der Senkrechtdrehmaschine nur handbetätigte Spannvorrichtungen in Betracht kommen. Man muß dann aber für diese einen besonderen Untersatz *a* (Bild 16) zum Spannen der Zugstange *d* mittels Spannmutter *c* vorsehen. Hierzu muß aber die Spannmutter leicht zugängig sein. Daher muß der Untersatz mit den Durchbrüchen *b* versehen sein. Das Fehlen der Preßluftspannung ist im Verhältnis zu der auf der Senkrechtdrehmaschine anfallenden Arbeitszeit nahezu bedeutungslos, zumal es sich, wie schon erwähnt, bei solch großen Werkstücken nur ganz selten um größere Stückzahlen handelt. Im allgemeinen wird bei größeren Werkstücken jedenfalls die Senkrechtdrehmaschine vorzuziehen sein.

Gemittet wird der Speichenradkörper in der in Bild 15 gezeigten Rundbearbeitung-Spannvorrichtung an seiner Nabe durch den Ausmittinnenkegel *a* und bestimmt und festgespannt an seinen Speichen. Der Spanndruck wird genau über den drei Stützpunkten ausgeübt. Als Stützorgane werden, bei den für solche Speichenradkörper meist typischen elliptischen Querschnitten der Speichen, Kammstützen b_1 bis b_3 verwendet. Liegen andere Querschnittsformen vor, so ergeben sich natürlich entsprechend anders geartete Stützorgane. Auch die Spannorgane sind an den Druckstellen schneidenartig ausgebildet, damit kein Biegungsmoment auftreten kann und die Speichen nicht verspannt werden können. Die auf die Zugstange *e* wirkende Zugkraft wird durch einen Druckverteiler *d* über die drei Zughaken c_1 bis c_3 auf die drei Spannstellen übertragen.

Für das *Drehen der zweiten Nabenfläche* ist eine Rundbearbeitung-Spannvorrichtung (Bild 9) sehr gut verwendbar; jedoch ohne Kuppenstützen und ohne Ausmitt- und Mitnehmerstifte. Beim Überdrehen der Nabenfläche auf der Senkrechtdrehmaschine muß statt der auf der Spitzendrehbankspindel sitzenden Mitnehmerscheibe ein Flanschfutter *a* (Bild 17) benutzt werden, auf dem das Spann-

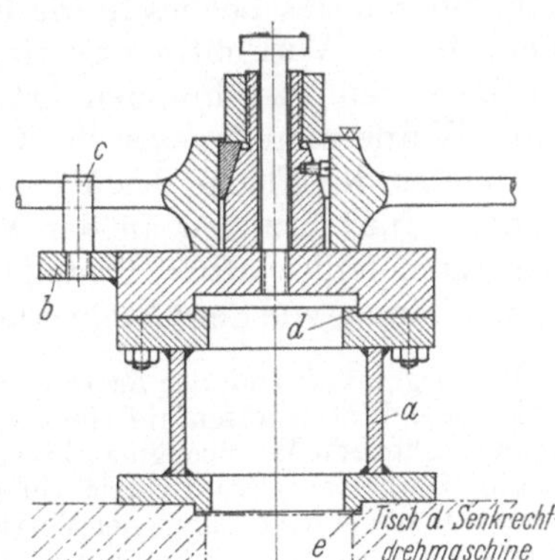

Bild 17. Zusätzliches Flanschspannfutter zur Benutzung einer
Rundbearbeitung-Spannvorrichtung auf einer Senkrechtdrehmaschine

a Flanschspannfutter mit angeschweißtem Lappen *b*, in dem der
Anschlagstift *c* eingeschraubt sitzt; *d* und *e* Zentriereinrichtungen

futter festgeschraubt und damit auch über die Rezesse d und e zur Senkrechtdrehmaschine zentriert wird. Da es sich dann aber dabei meistens um größere Werkstücke handelt, ist am Flanschfutter ein Lappen b angeschweißt, der einen Anschlagstift c trägt. Dieser liegt an einer Speiche an und entlastet damit die Spreizspannung. Doch ist dieses nur eine Vorsichtsmaßnahme, da das beim Überdrehen der Nabenfläche auftretende Drehmoment nur sehr gering ist.

D. Bearbeitung von Ventilklappen

Hier kommt es hauptsächlich darauf an, daß das in die Gabelaugen zu bohrende Loch genau ohne meßbare Fehler zur Dichtungsfläche l liegt (Abb. 18). Wären dagegen größere oder kleinere Fehler zulässig, so wäre es gleichgültig, in welcher

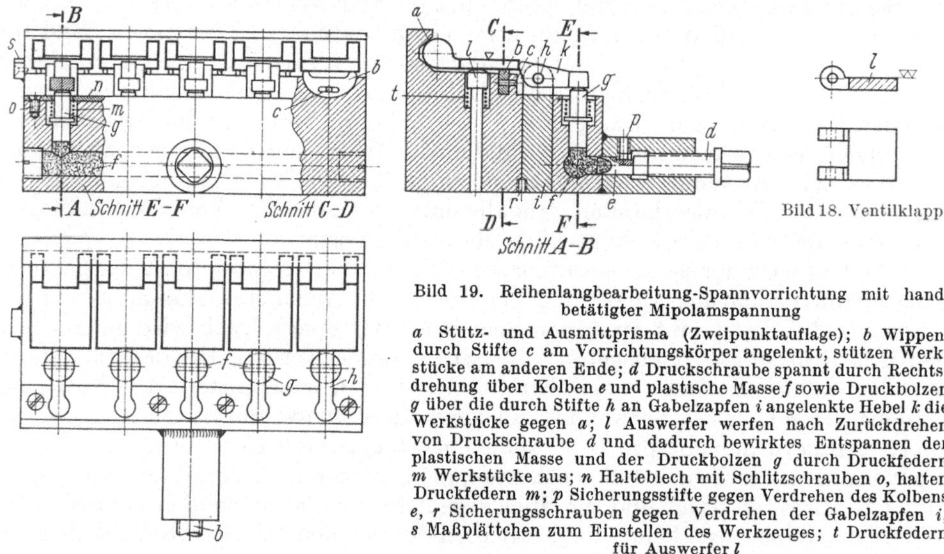

Bild 18. Ventilklappe

Bild 19. Reihenlangbearbeitung-Spannvorrichtung mit handbetätigter Mipolamspannung

a Stütz- und Ausmittprisma (Zweipunktauflage); b Wippen, durch Stifte c am Vorrichtungskörper angelenkt, stützen Werkstücke am anderen Ende; d Druckschraube spannt durch Rechtsdrehung über Kolben e und plastische Masse f sowie Druckbolzen g über die durch Stifte h an Gabelzapfen i angelenkte Hebel k die Werkstücke gegen a; l Auswerfer werfen nach Zurückdrehen von Druckschraube d und dadurch bewirktes Entspannen der plastischen Masse und der Druckbolzen g durch Druckfedern m Werkstücke aus; n Halteblech mit Schlitzschrauben o, halten Druckfedern m; p Sicherungsstifte gegen Verdrehen des Kolbens e, r Sicherungsschrauben gegen Verdrehen der Gabelzapfen i, s Maßplättchen zum Einstellen des Werkzeuges; t Druckfedern für Auswerfer l

Reihenfolge der Arbeitsplan aufgestellt würde. Man brauchte sich dann nur von konstruktiven Gesichtspunkten leiten zu lassen, um möglichst einfache Vorrichtungen zu erhalten. Tatsächlich ist jedoch die Reihenfolge sehr wichtig, denn von ihr hängt es ab, ob es gelingt, billig und einwandfrei zu arbeiten. Es muß daher mit der Bearbeitung der Fläche l begonnen werden. In der zweiten Arbeitsstufe, beim Bohren des Loches in die Gabelaugen, kann dann nämlich das Werkstück genau in der Vorrichtung bestimmt werden, so daß ohne besonderes Dazutun des die Arbeit ausführenden Arbeiters ein Werkstück genau wie das andere ausfällt. Würde man dagegen das Gabelloch zuerst bohren, so müßte nachher beim Bearbeiten der Fläche das Werkzeug genau eingestellt werden. Dazu wären besondere Einrichtungen an der Vorrichtung erforderlich, und trotzdem würden sich durch fehlerhaftes Einstellen noch Unterschiede ergeben. Außerdem wäre man abhängig von der Geschicklichkeit und Zuverlässigkeit des Arbeiters.

Man beginnt also mit der *Bearbeitung der Dichtungsfläche 1* durch Hobeln auf einem Schnellhobler oder Walzenfräsen auf einer Waagerechtfräsmaschine je nach Belegung der zur Verfügung stehenden Werkzeugmaschinen und der anfallenden Arbeitszeit. Hierfür ist die Reihenlangbearbeitung-Spannvorrichtung mit handbetätigter Milopamspannung (Bild 19) bestimmt, in die je nach Länge der Vorrichtung eine Anzahl von Werkstücken unabhängig voneinander eingespannt werden kann. Das runde Auge der Werkstücke wird im Prisma a des Vorrichtungskörpers halbgemittet, während das andere Ende der Ventilklappen an der unteren Fläche durch einen zerlegten Stützpunkt (Wippe b) bestimmt wird. Festgespannt werden die Werkstücke alle auf einmal durch Rechtsdrehung der Spannschraube d und das dadurch bewirkte Zusammendrücken der plastischen Masse Weichmilopam PVC 5319[1] über den Druckkolben e und weiter über die Druckbolzen g durch die mit den Stiften h an den Gabelzapfen i angelenkten Hebel k. Ausgeworfen werden die Werkstücke nach Zurückdrehen der Spannschraube d und die dadurch bewirkte Entspannung der unter Druck der Federn m stehenden Druckbolzen g durch die unter Druck der Federn t stehenden Auswerfer l. Das

Werkzeug, in diesem Fall ein Hobelmeißel, wird an dem zu diesem Zweck am Vorrichtungskörper angebrachten gehärteten Maßklotz s auf das Fertigmaß eingestellt.

Bohren der Gabellöcher. Bild 20 zeigt die dafür vorgesehene Standbohrspannvorrichtung. Das Werkstück wird darin an der bereits bearbeiteten Fläche l und am Auge k der Vorrichtung bestimmt und durch den prismatisch ausgebildeten Druckverteiler a halbgemittet und genau in der Längsrichtung festgelegt. Damit beide Augen von einer Seite gebohrt werden können, sind je zwei (insgesamt sechs) Bohr-

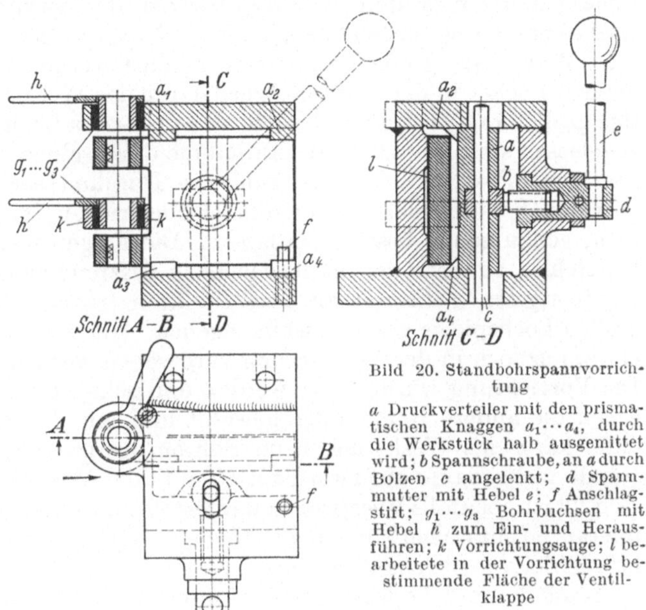

Bild 20. Standbohrspannvorrichtung

a Druckverteiler mit den prismatischen Knaggen $a_1 \cdots a_4$, durch die Werkstück halb ausgemittet wird; b Spannschraube, an a durch Bolzen c angelenkt; d Spannmutter mit Hebel e; f Anschlagstift; $g_1 \cdots g_3$ Bohrbuchsen mit Hebel h zum Ein- und Herausführen; k Vorrichtungsauge; l bearbeitete in der Vorrichtung bestimmende Fläche der Ventilklappe

buchsen für das Vorbohren, Senken und Reiben vorgesehen, die oberhalb der Gabelaugen in die Vorrichtung einzusetzen sind. Diese Wechselbohrbuchsen sind zum leichteren Einführen und Herausnehmen mit den Hebeln h versehen. Das Werkstück wird in Pfeilrichtung in die Vorrichtung eingeführt. Damit es an dem Vorrichtungsauge k seitlich vorbeigeht, muß der Druckverteiler a an diesem Ende sehr weit geöffnet werden. Deshalb ist in der Vorrichtung der Anschlagbolzen f angebracht, der beim Öffnen der Vorrichtung den Druckverteiler an diesem Ende nur ein wenig, dafür am anderen Ende um so mehr zurücktreten läßt. Das Festspannen nur durch eine, durch den Handhebel e über die Spannmutter d bewegte und durch Bolzen c am Druckverteiler angelenkte Spannschraube b ist durchaus einfach und zuverlässig. Zur Vermeidung des jedesmaligen Werkzeugwechsels ist es zweckmäßig, die Augenlöcher an mehrspindeligen Schnellbohrmaschinen[2] zu bohren, senken und treiben, da hier für jedes Werkzeug eine Bohrspindel zur Verfügung steht. Das bedingt aber einen doppelten Bohrbuchsenhalter.[3]

E. Herstellung von Gelenkbügeln

Dieses Beispiel ist gewählt worden, um zu zeigen, wie auch an einem derart einfachen und als Gesenkschmiedestück verhältnismäßig rohen Werkstück sehr

---

[1] Hersteller Dynamit AG, Troisdorf.
[2] Siehe III. Teil, 6. Aufl., Abschn. 49.
[3] Siehe I. Teil, 9. Aufl., Bild 315 und in diesem Heft Bild 25.

leicht Fehler beim Aufstellen des Arbeitsplanes gemacht werden können. Die große Verschiedenheit der Lochdurchmesser bedingt zunächst die Unterteilung in zwei Arbeitsstufen, damit verschieden starke Bohrmaschinen verwendet werden können. Eine Unterteilung ist auch deshalb zweckmäßig, weil dadurch eine Kippbohrspannvorrichtung vermieden wird, die in diesem Falle zu kompliziert werden würde. Es ist nun keineswegs gleichgültig, in welcher Reihenfolge die beiden notwendigen Arbeitsstufen festgelegt werden, da hiervon die Richtung des großen Loches zur Längsachse abhängt, die im Interesse der Austauschbarkeit stimmen soll. Würde das große Loch zuerst gebohrt werden, so müßte beim Bohren der kleinen Löcher in der zweiten Arbeitsstufe das Werkstück mit Bezug auf das fertige große Loch bestimmt werden. Da für dieses Loch jedoch größere Toleranzen zugelassen sind, so würde die Aufnahme durch einen einfachen Dorn nicht genügen, weil dieser das kleinste zulässige Durchmessermaß erhalten müßte. Das Werkstück würde sich, wie in Bild 21 übertrieben dargestellt, in der Vorrichtung nicht genau genug bestimmen lassen. Die Folgen wären nicht allein nur Schönheitsfehler, sondern der im großen Loch aufzunehmende Gelenkbolzen würde im ungünstigsten Falle nur an zwei Punkten tragen und unter Umständen trotz großen Lochspieles gar nicht hineingehen. Um diese Fehler zu vermeiden, müßte ein Spreizdorn in der Vorrichtung vorgesehen werden, der das Loch ausmittete. Die Vorrichtung würde teuer werden und schwierig zu bedienen sein. Wird dagegen die andere Reihenfolge gewählt und mit den kleinen Löchern begonnen, dann kann das Werkstück beim Bohren des großen Loches ohne jegliche Umstände viel genauer auf zwei Paßstiften in der Vorrichtung bestimmt werden. In Bild 22 ist ebenfalls übertrieben dargestellt, daß hierbei auch Fehler durch Lochtoleranzen entstehen können, die aber erheblich kleiner sind und nur kleine Schönheitsfehler verursachen können.

Nach diesen Überlegungen wird mit dem *Bohren der kleinen Löcher* begonnen. Hierzu dient die Standbohrspannvorrichtung (Bild 23). Da die Bestimmungsfläche des Werkstückes roh ist, so ist die Dreipunktauflage durch die drei Kuppenstifte b_1 bis b_3 gewählt worden. Durch den prismatischen Druckverteiler a wird das Werkstück halbgemittet und durch Anlage des Werkstückauges am Druckverteiler bei a_5 entfernungbestimmt. Auch hier wird das Werkstück durch Betätigung nur

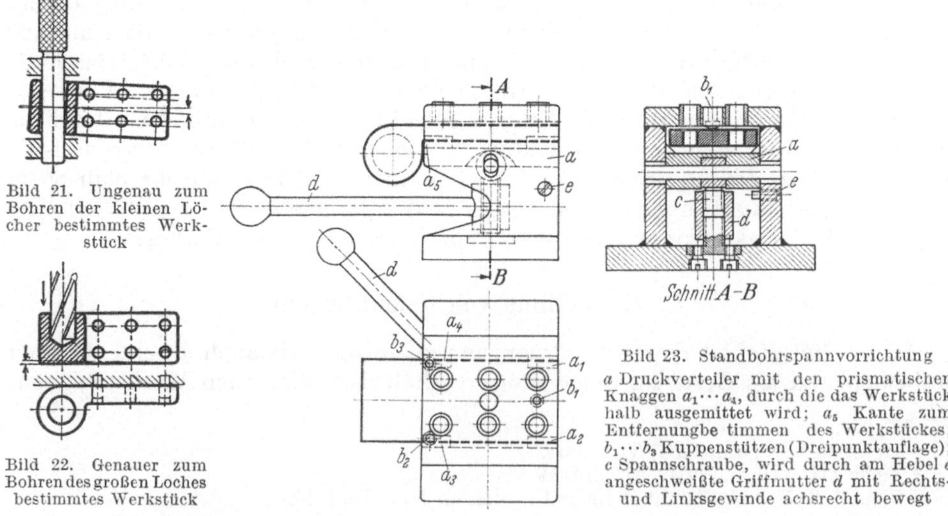

Bild 21. Ungenau zum Bohren der kleinen Löcher bestimmtes Werkstück

Bild 22. Genauer zum Bohren des großen Loches bestimmtes Werkstück

Schnitt A—B

Bild 23. Standbohrspannvorrichtung
a Druckverteiler mit den prismatischen Knaggen $a_1 \cdots a_4$, durch die das Werkstück halb ausgemittet wird; a_5 Kante zum Entfernungbestimmen des Werkstückes; $b_1 \cdots b_3$ Kuppenstützen (Dreipunktauflage); c Spannschraube, wird durch am Hebel e angeschweißte Griffmutter d mit Rechts- und Linksgewinde achsrecht bewegt

des einen Handhebels mit der am Hebel angeschweißten mit Rechts- und Links-gewinde versehenen Griffmutter f über die Spannschraube c und den Druckver-teiler festgespannt.

Hiernach erfolgt das *Bohren des großen Loches*. Hierfür zeigt Bild 24 die der Aufgabe gemäße Standspannbohrvorrichtung. Das Werkstück wird durch die vier Paßstifte a_1 bis a_4 aufgenommen und an der Bestimmungsfläche durch die drei Kuppenstifte b_1 bis b_3, also ebenfalls durch Dreipunktauflage, unterstützt. Zum schnellen Spannen und zur raschen Freigabe nach dem Bohren ist der Ver-schlußschubriegel c mit der Griffspannschraube d vorgesehen.

F. Bearbeitung von Gabelköpfen

Abgesehen von den für die Kraftfahrzeugindustrie nach DIN 71751 und 717752 aus Auto-maten- oder blank gezogenem Vierkantstahl C 15 E hergestell-ten Gabelköpfen kleinster und kleiner Abmessungen, deren Schaftende an einem Automaten oder an einer Revolverdrehbank angedreht und mit einem Gewin-deloch versehen wird, gibt es im allgemeinen Maschinenbau für Gestänge, Gestängehochführun-gen, Fernbedienungen und noch manche andere Zwecke Gabel-köpfe verschieden großer Abmes-sungen, die wegen ihrer Größe nicht aus Stangenmaterial son-

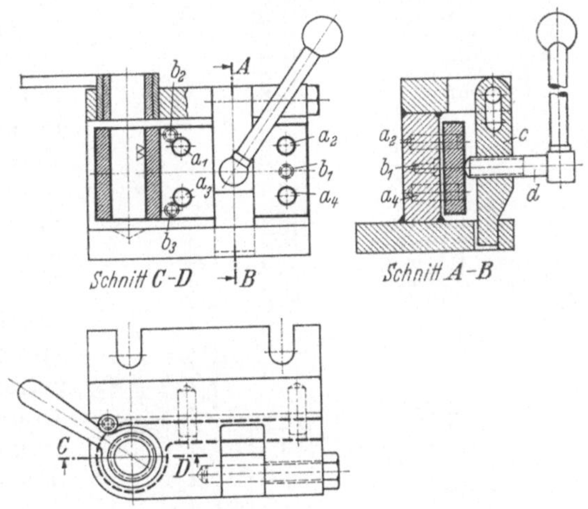

Bild 24. Standbohrspannvorrichtung

$a_1 \cdots a_4$ Aufnahmebolzen zum Bestimmen des Werkstückes, $b_1 \cdots b_3$ Kuppenstützen (Dreipunktauflage), c Verschlußschubriegel mit Griffspannschraube d

dern meistens als Gesenkstücke bearbeitet werden müssen. Obwohl sie zu den häufiger benötigten Maschinenelementen gehören, findet man doch noch die ver-schiedensten Formen, die nicht immer vom Standpunkt der wirtschaftlichsten Fertigung durchdacht sind. Es ist daher zu empfehlen, nur solche Formen zu ver-wenden, wie sie für den Schiffbau als Aufsteck- und Einschweißgabeln nach DIN 87353 und 87354 Blatt 1 und 2 gefertigt werden. Diese lassen sich einfach und billig bearbeiten. Die eigentliche mechanische Bearbeitung läßt sich für den hier als Beispiel gewählten Fall in fünf Arbeitsstufen unterteilen, die außerordent-lich vereinfacht sind. Es kommt hierbei hauptsächlich darauf an, daß die Bolzen-löcher genau rechtwinklig zum Schaftloch und zur Anlagefläche stehen. Aus diesem Grunde ist als erste Arbeitsstufe das Bohren des Schaftloches und der Bolzenlöcher gewählt. Bearbeitete man z. B. zuerst die Gabelinnenflächen, so würde, ganz abge-sehen von den Schwierigkeiten bei der Konstruktion der Vorrichtung, sich das Werkstück beim späteren Bohren sehr schlecht mitten und bestimmen lassen. Es wäre dann nur unvollkommen zu erreichen, die Bearbeitungsfehler der Vorstufe unwirksam zu machen.

Die erste Arbeitsstufe *das Bohren, des Schaftloches und der Bolzenlöcher*, soll hier wegen der grundsätzlichen und beispielhaften Bedeutung etwas ausführlicher be-schrieben werden. Es ist hierfür eine Kippbohrspannvorrichtung (Bild 25) vor-gesehen, deren Hauptkörper zweckmäßig aus einem abgeschnittenen Stück Vier-kantstahl herausgearbeitet worden ist. Dieser Vorrichtungskörper a trägt die

Grundbuchsen b und c_1 und c_2 zur Aufnahme der benötigten verschiedenen Steckbuchsen. Die obere Grundbuchse b ist zugleich auch als Ausmitt- und Spannorgan ausgeführt. Ausgemittet und bestimmt wird das Werkstück durch einen in der Prismenwippe d geführten federnden Ausmittkegel e. Fest- und losgespannt wird durch die Überwurfmutter f mit angeschraubtem Hebel g über die Führungsbuchse h und den Mitnehmerstift i. Die Führungsbuchse h ist durch die Sicherungsschraube k gegen Verdrehen gesichert.

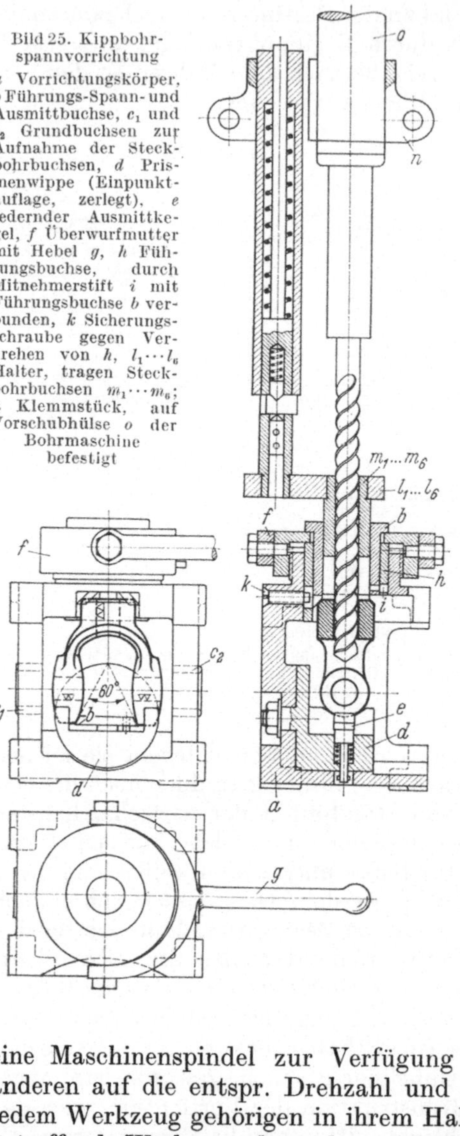

Da das Wechseln der Steckbuchsen (Wechselbuchsen) für das jeweilige Bohren, Senken und Reiben der manchmal unterschiedlich großen Löcher in jedem Fall so zeitraubend ist, daß es als Nebenzeit in Rechnung gesetzt werden muß, und zwar selbst dann, wenn moderne Schnellwechselfutter für das Wechseln der Werkzeuge verwendet würden, soll hier eine Einrichtung besprochen werden, mit der die Nebenzeiten für kleinere Gabelköpfe bis zu 15 mm Lochdurchmesser nahezu völlig eingespart werden können. Hiermit werden nämlich auch noch zusätzlich die Nebenzeiten für die jeweilige Änderung der Maschinenspindeldrehzahl für das Bohren, Senken und Reiben gänzlich ausgeschieden. Das wird dadurch erreicht, daß, wie in diesem Beispiel, besondere Halter l_1 bis l_6 vorgesehen sind, in denen die Steckbuchsen m_1 bis m_6 fest sitzen. Hiermit können dann die häufig in Werkstätten mit einer Vielfertigung von Kleinteilen vorhandenen kleinen *Schnellbohrmaschinen* benutzt werden, die meistens zu Gruppen von vier, nach Bedarf aber auch zu mehr, zusammengestellt werden, so daß damit für jeden Arbeitsgang bzw. für jedes Werkzeug

Bild 25. Kippbohrspannvorrichtung

a Vorrichtungskörper, b Führungs-Spann- und Ausmittbuchse, c_1 und c_2 Grundbuchsen zur Aufnahme der Steckbohrbuchsen, d Prismenwippe (Einpunktauflage, zerlegt), e federnder Ausmittkegel, f Überwurfmutter mit Hebel g, h Führungsbuchse, durch Mitnehmerstift i mit Führungsbuchse b verbunden, k Sicherungsschraube gegen Verdrehen von h, $l_1 \cdots l_6$ Halter, tragen Steckbohrbuchsen $m_1 \cdots m_6$; n Klemmstück, auf Vorschubhülse o der Bohrmaschine befestigt

eine Maschinenspindel zur Verfügung steht, die man unabhängig von den anderen auf die entspr. Drehzahl und Arbeitshöhe einstellen kann[1]. In der zu jedem Werkzeug gehörigen in ihrem Halter fest sitzenden Bohrbuchse wird das betreffende Werkzeug dann dauernd geführt. Das wird dadurch bewerkstelligt, daß die Halter l_1 bis l_6 durch das Klemmstück n auf den Vorschubhülsen o der Bohrspindeln befestigt werden[2]. Auf diese Weise braucht die Kippbohrspannvorrichtung mit dem eingespannten Werkzeug zum Bohren, Senken und Reiben des Schaftloches und anschließend zum Bohren, Senken und Reiben der Bolzen-

---

[1] Siehe III. Teil, 6. Aufl., Abschn. 49.
[2] Siehe I. Teil, 9. Aufl., Bild 315.

löcher nur von Bohrspindel zu Bohrspindel der zu einer Gruppeneinheit von sechs Maschinenspindeln zusammengesetzten Schnellbohrmaschinen geschoben werden, wobei die Bolzenlöcher von beiden Seiten zu bohren sind. Durch diese Einrichtung wird also der Wechsel der Bohrbuchsen, Werkzeuge und Spindeldrehzahlen vermieden und eine fast völlige Ausschaltung der Nebenzeiten erreicht. Für die größeren Gabelköpfe mit mehr als 15 mm Lochdurchmesser entfällt diese vorteilhafte Einrichtung, und die Löcher müssen mit der gleichen Kippbohrspannvorrichtung an normalen Bohrmaschinen mit größeren Leistungen gebohrt werden.

Nachfolgend ist dann das *Anflächen und Anfasen des Schaftendes* durchzuführen. Obgleich es sonst üblich ist, eine Lochwarze gleich nach dem Bohren des Loches in derselben Vorrichtung anzuflächen, sofern es überhaupt erforderlich ist, so ist das in diesem Falle doch nicht angebracht. Durch eine

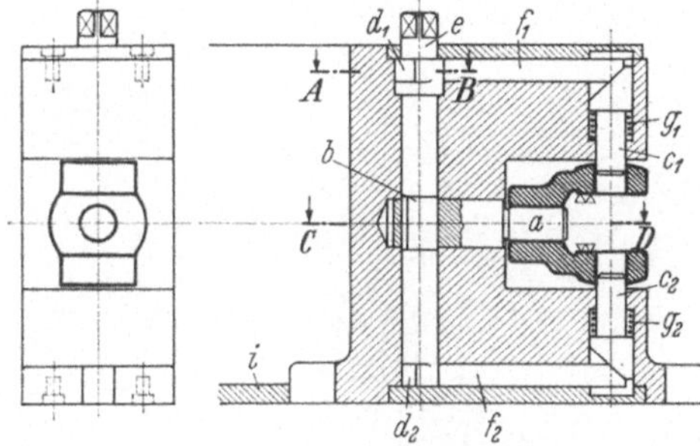

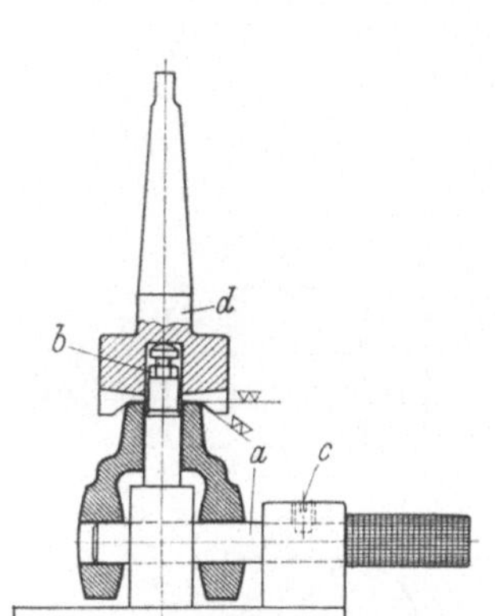

Bild 26. Spannvorrichtung
mit Dornführung

a entfernungsbestimmender Dorn, *b* Anschlagschraube, *c* Sicherungsschraube gegen Verdrehen des Dornes, *d* Sonderflächenfräser

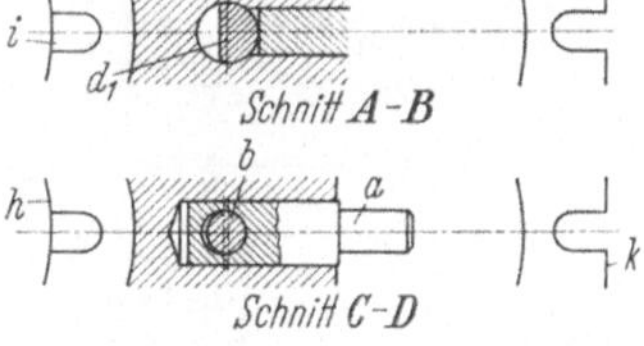

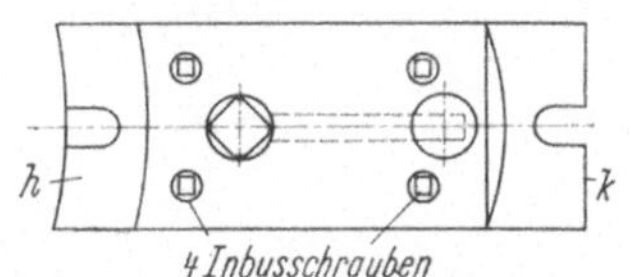

Bild 27. Spanneinheit, brauchbar für Reihenrund- wie auch für Reihenlangbearbeitung

a Spann- und Ausmittzapfen, wird durch Kröpfwelle *b* bewegt; c_1 und c_2 richtungbestimmende Aufnahmezapfen, werden durch die Abflachungen d_1 und d_2 der Welle und die Zwischenstücke f_1 und f_2 bewegt; Federn g_1 und g_2 drücken Aufnahmezapfen c_1 und c_2 beim Entspannen zurück; *h* Innendurchmesser; *i* Zentrierscheibe auf Drehtisch; *k* gerade Außenkante für Reihenlangbearbeitung

dadurch bedingte größere Führungsbuchse und eine besondere Anschlageinrichtung wäre die Konstruktion der Vorrichtung sehr schwierig geworden. Darum ist diese Arbeit hier abgeteilt worden. Bild 26 zeigt die dafür bestimmte sehr einfache Bohrspannvorrichtung mit Dornführung und Anschlageinrichtung *b*, und den eigens dafür bestimmten Sonderfräser *d*. Der Dorn *a* nimmt den Gabelkopf in seinen Bolzenlöchern auf und ist damit entfernungsbestimmend.

Das darauf folgende *Fräsen der Gabelinnenflächen* läßt sich am günstigsten auf einer Reihenrundbearbeitung-Spannvorrichtung ausführen[1], weil die Vorrichtungseinheiten hiermit beim Umlaufen im Betrieb beladen werden können und die sonst dafür benötigten Nebenzeiten gänzlich fortfallen. Die dafür erforderliche große Zahl von Spanneinheiten verteuert aber diese Arbeitsweise so sehr, daß sie nur für sehr große Stückzahlen in Frage kommt. Für kleinere Stückzahlen ist eine Reihenlangbearbeitung-Spannvorrichtung vorzuziehen[2]. Bild 27 zeigt eine Spanneinheit, die im Prinzip sowohl für eine Reihenrund- als auch für eine Reihenlangbearbeitung-Spannvorrichtung verwendet werden kann. Diese Spanneinheit ist

---

[1] Siehe II. Teil, 7. Aufl., Abschn. 6.
[2] Siehe II. Teil, 7. Aufl., Abschn. 23.

aus einem entsprechend gedrehten Ring herausgeschnitten und dann weiter bearbeitet worden. Zur Verwendung auf einer Reihenrundbearbeitung-Spannvorrichtung müssen die Spanneinheiten beim Aufspannen auf dem Rundtisch mit ihrem Innendurchmesser h an einer auf dem Rundtisch liegenden Zentrierscheibe i beim Festspannen ausgerichtet werden. Sollen sie aber auf einer Reihenlangbearbeitung-Spannvorrichtung aufgebaut werden, so müssen sie an dieser an ihrer nach dem Abschneiden aus dem Ring gerade gehobelten Außenkante k an einer auf dem Tisch der Fräsmaschine befestigten Leiste angeschlagen werden. Steht aber von vornherein fest, daß nur Reihenlangbearbeitung in Frage kommt, dann werden diese Spanneinheiten besser von einem gehobelten Stab mit entsprechendem Querschnitt abgeschnitten.

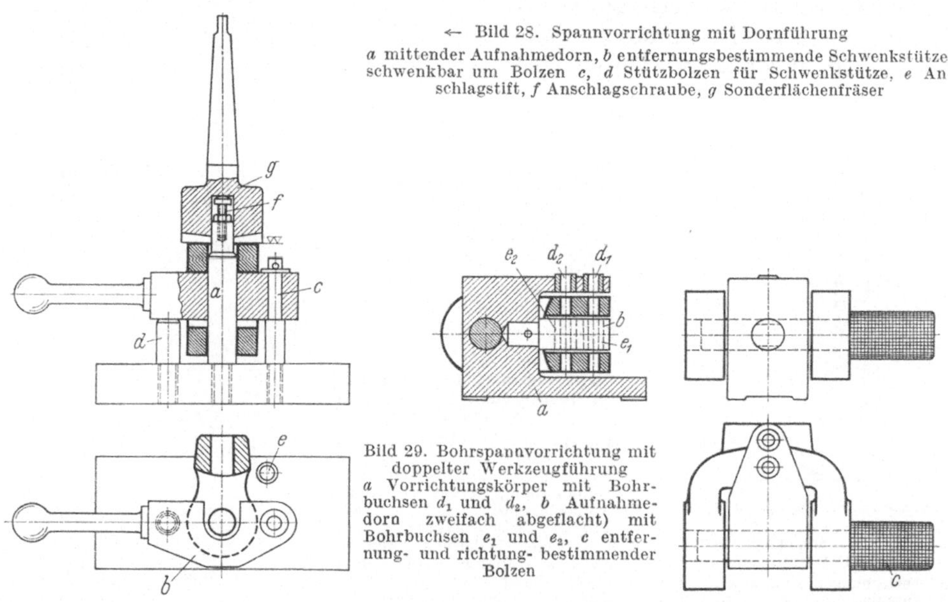

← Bild 28. Spannvorrichtung mit Dornführung
a mittender Aufnahmedorn, b entfernungsbestimmende Schwenkstütze, schwenkbar um Bolzen c, d Stützbolzen für Schwenkstütze, e Anschlagstift, f Anschlagschraube, g Sonderflächenfräser

Bild 29. Bohrspannvorrichtung mit doppelter Werkzeugführung
a Vorrichtungskörper mit Bohrbuchsen d_1 und d_2, b Aufnahmedorn zweifach abgeflacht) mit Bohrbuchsen e_1 und e_2, c entfernung- und richtung- bestimmender Bolzen

Die Bedienung ist außerordentlich einfach. Das Werkstück wird auf den Spann- und Ausmittzapfen a gesetzt und durch Drehen an dem Vierkant e mittels Steckschlüssel durch die Abflachungen d_1 und d_2 der Kröpfwelle b und die Zwischenstücke f_1 und f_2 mit den Bolzen c_1 und c_2, die dabei durch die Keilwirkung vorgeschoben werden, richtungbestimmt und durch den Bolzen a festgespannt, der durch weiteres Drehen der Welle b durch deren Kröpfung vorgedrückt wird. Durch entgegengesetztes Drehen am Vierkant wird die Spannung an der Gabel wieder aufgehoben, und es drücken die Federn g_1 und g_2 die Bolzen c_1 und c_2 so weit zurück, daß das Werkstück herausgenommen werden kann.

Das Fräsen der Außenstirnflächen wird auf der Bohrmaschine ausgeführt. Bild 28 zeigt die Vorrichtung dazu. Der Flächenfräser g, ein Sonderwerkzeug, wird auf dem Aufnahmedorn a für das Werkzeug geführt, das hierdurch gemittet und in der Tiefe durch die Anschlagschraube f begrenzt wird, so daß sich jedes Nachmessen erübrigt. Durch den Schwenkbügel b (schwenkbar um den Bolzen c), der sich seinerseits auf dem Stützbolzen d abstützt, wird das Werkstück entfernung bestimmt. Der Anschlagstift e verhindert, daß sich das Werkstück beim Anfräsen der Stirnflächen auf dem unterstützenden Schwenkbügel verdrehen kann. Nach dem Anfräsen der ersten Stirnfläche wird das Werkstück nach dem

Ausschwenken des Schwenkbügels herumgedreht, so daß jetzt die zweite Stirnfläche nach oben liegt und nach dem Wiedereinschwenken des Bügels angeflächt werden kann. Hierbei fällt nur eine Nebenzeit von wenigen s an.

Zuletzt erfolgt dann das *Bohren der Stiftlöcher*. Die hierfür vorgesehene gut durchkonstruierte Standbohrspannvorrichtung wird auf Bild 29 dargestellt. Das Werkstück wird auf dem im Vorrichtungskörper a sitzenden Dorn b aufgenommen und durch den Führungsdorn c entfernungbestimmt. Um die im Schaftende des Gabelkopfes sitzenden Stiftlöcher nur von einer Seite durch die Mitte bohren zu können, sind in der Vorrichtung doppelte Werkzeugführungen vorgesehen, und zwar die Bohrbuchsen d_1 und d_2 im eigentlichen Vorrichtungskörper und die Bohrbuchsen e_1 und e_2 an dem zweifach angeflächten Aufnahmedorn b. Dadurch wird der Bohrer beim Anbohren beider Wandungen kurz geführt. Andernfalls, bei einfacher Führung, könnte er beim Anbohren der zweiten Wandung verlaufen und dementsprechend auch von der genauen Richtung durch die Mitte abkommen.

G. Herstellung von Gehäusen für Überdruckventile

Es kann im Rahmen dieses Heftes nur nützlich sein, auch an diesem Beispiel einmal zu zeigen, wie selbst an kleineren, belanglos erscheinenden Werkstücken durch eine sorgfältige Planung noch Rüst-, Neben- und Arbeitszeiten verringert werden können. Werkstücke, wie diese hauptsächlich durch nur eine mechanische, aber noch in mehrere Umspannungen unterteilte Bearbeitungsstufe auf der Revolverdrehmaschine herzustellenden Überdruckventilgehäuse, für die anscheinend keine besonderen Vorrichtungen benötigt werden, weil sie im Zweibackenfutter gespannt werden können, und für deren Bearbeitung bei oberflächlicher Überlegung auch sonst keinerlei weitere Hilfsmittel erforderlich sind, werden manchmal nur mit dem Vermerk „Revolverdrehen" in den entsprechenden Arbeitsunterlagen in den Betrieb gegeben. Dann bleibt es dem Dreher überlassen, diese Arbeitsstufe nach seinem Gutdünken unter Berücksichtigung der ihm zur Verfügung stehenden üblichen Werkzeuge zu unterteilen und sich für das Spannen im Zweibackenfutter für einige Arbeiten die doch noch erforderlichen Hilfsmittel selbst zu beschaffen bzw. anfertigen zu lassen.

Wie man aber durch Aufstellung eines Arbeitsplanes mit einer bis in alle Einzelheiten durchdachten sinnvollen Unterteilung dieser Arbeitsstufe und durch die dabei gewonnene Erkenntnis, zweckmäßig für einige der erforderlichen Arbeiten doch besser Hilfsmittel zum Spannen und einige Sonderwerkzeuge bereitzustellen, auch bei verhältnismäßig geringen, aber dann und wann wiederkehrenden Stückzahlen auch solche Kleinteile wirtschaftlich bearbeiten kann, zeigen die Bilder 30 bis 36. Hierbei ist der Vorteil der Revolverdrehmaschine ausgenutzt worden, daß man auf ihr mit mehreren Werkzeugen mehrere Arbeiten zugleich ausführen kann. So z. B., daß man mit den im Revolverkopf untergebrachten Werkzeugen bohren, senken, reiben und gegebenenfalls auch mit einem Schneidkopf Gewinde schneiden und gleichzeitig mit den in den Seitensupporten eingespannten Drehmeißeln auch außendrehen, plandrehen, freistechen und ebenfalls Gewinde schneiden kann.

Man beginnt mit dem *Anreißen der Umrisse und dem Ausbrennen.* Zum Ausbrennen aus Platten müssen die Umrisse der Werkstücke auf diesen angerissen werden. Dazu wird eine Anreißschablone (Bild 30) benötigt. Steht dem Werk aber eine Koordinaten-Brennmaschine

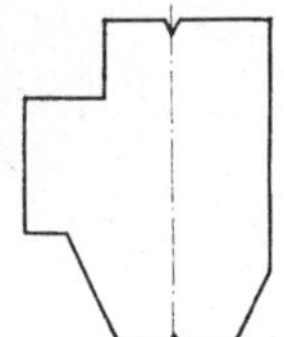

Bild 30. Formschablone für das Anreißen der Umrisse zum Ausbrennen aus Plattenmaterial und zum Anreißen eines Mittelrisses

zur Verfügung, wie sie heute schon vielfach in Kesselschmieden und in Schweiß-
und Schiffbauwerkstätten eingesetzt wird, so erübrigt sich das Anreißen, weil
auf einer solchen Maschine die Wege der Brenner dadurch gesteuert werden, daß
eine den Umriß des Werkstückes darstellende Zeichnung lichtelektrisch abgetastet
wird. Solche Maschinen können mit mehreren Brennern bestückt werden, so daß
z. B. eine mit drei Brennern bestückte Maschine mit diesen gleichzeitig drei Werkstücke aus einer entsprechend großen Blechplatte herausschneiden kann. Die
eingangs erwähnte Anreißschablone wird aber trotzdem für die nächste Arbeits-

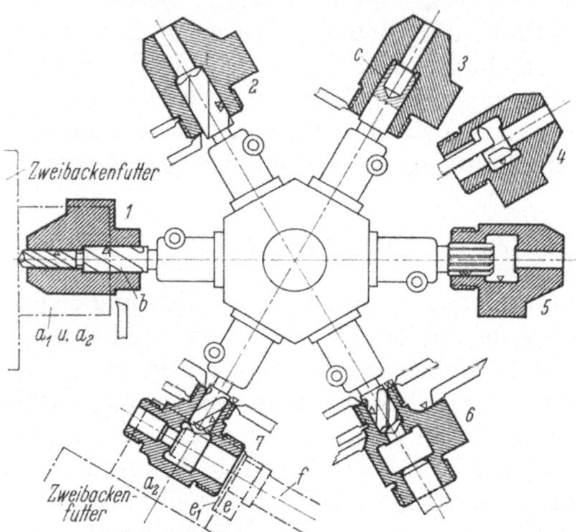

Bild 31. Bearbeitung von Überdruckventilgehäu-
sen auf der Revolverdrehmaschine, aufgeteilt in 7
Arbeitsvorgänge nebst den dazugehörigen Hilfseinrichtungen und Sonderwerkzeugen

a_1 und a_2 erhöhte Sonderspannbacken, b Sonder-
stufenbohrer 16/24 mm Durchmesser, c Sonder-
kronenbohrer, e Ausrichtplatte mit zwischen die
Spannbacken fassenden Absatz e_1 und eingeschrumpftem Zentrierdorn f (s. Bild 35)

stufe gebraucht und zwar für das
*Anreißen eines Mittelrisses und An-
körnen der Hauptbohrung.* Der Mit-
telkörner wird am Werkstück zu
seinem Ausrichten und Zentrieren
nach dem Mitten zwischen den
Spannbacken gebraucht. Hiernach
soll also das Werkstück vor dem
endgültigen Festspannen zur Werk-
zeugspindel des Revolverkopfes ausgerichtet werden.

Dann erfolgt mit dem *Drehen die vollständige mechanische Bearbeitung auf der Revolverdrehmaschine*
nach der im Bild 31 festgelegten Reihenfolge der
einzelnen Arbeiten. Um das Werkstück nicht zu
knapp spannen zu müssen, sollten möglichst entsprechend hohe Spannbacken verwendet oder, falls
diese nicht zur Verfügung stehen, angefertigt werden.
Für große Stückzahlen lohnt sich vielleicht auch die
Beschaffung eines kraftbetätigten Sonderspannfutters
mit besonders hohen Spannbacken a_1 und a_2 (Bild 32).

Bild 32. Kraftbetätigtes Zweibacken-
Ausgleichfutter mit Sonderspannbacken als Rundbearbeitung-Spannvorrichtung   (System   Forkardt,
Düsseldorf)

a_1 und a_2 Sonderspannbacken

Wie vielfach bei der Konstruktion von Vorrichtungen ist auch in diesem Fall sehr gewissenhaft dar-
über nachzudenken, ob die zu fertigende Stückzahl
nicht die kraftbetätigte Spannung durch den Einsatz

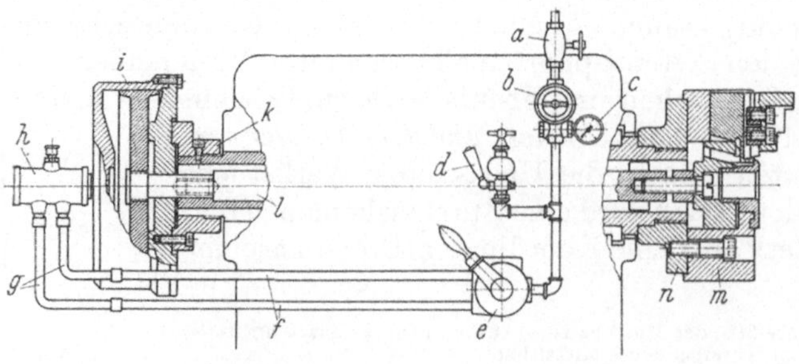

Bild 33. Schema einer kraftbetätigten Spanneinrichtung durch Preßluft an einer Spitzendrehmaschine
nach Forkardt

a Absperrventil, b Druckminderventil, c Druckmesser, d Öler, e
Handsteuerhahn, f Rohrleitungen,
g Schläuche, h Luftzuführung, i
Preßluftzylinder (läuft mit der Dreh-
maschinenspindel um), k Zylinderflansch, l Verbindungsstange
m Spannfutter, n Futterflansch (s.
auch I. Teil, 9. Aufl., Abschn. 10)

von Druckluft (Preßluft), Drucköl oder gar Elektrizität rechtfertigt. Es ist dabei nicht nur an die Zeiteinsparung und die Entlastung des Drehers von körperlicher Arbeit zu denken, sondern auch zu berücksichtigen, daß die kraftbetätigte Spannung durch den unabhängigen Spanndruck auch eine gleichbleibende Qualität der Arbeit und schonende Behandlung der Werkzeugmaschine sichert.

In Teil I, 9. Aufl., Abschn. 10 und 11 über elastische Spannmittel sind ein Schema für einen Druckluftspanner an Drehmaschinen sowie Preßluftkolben, Steuerorgane, Armaturen und Anordnungen für Druckluftsteuerungen mit den am meisten vorkommenden Abmessungen für die wichtigsten Teile aufgeführt. Bild 33 zeigt ein Schema und den grundsätzlichen Aufbau einer mit Preßluft betätigten handelsüblichen Spanneinrichtung und Bild 34 ein solches für hydraulische Spannung mit einem Dreibackenfutter als Beispiel für eine Drehmaschine. Wenn die Werkzeugmaschine nicht schon mit einer hydraulischen Einrichtung eingerichtet ist, braucht man für eine hydraulisch kraftbetätigte Spanneinrichtung das auf dem Bild 34 gezeigte Pumpenaggregat f bis l, das sich aber erst bezahlt macht, wenn mehrere Werkstückspanner daran angeschlossen sind.

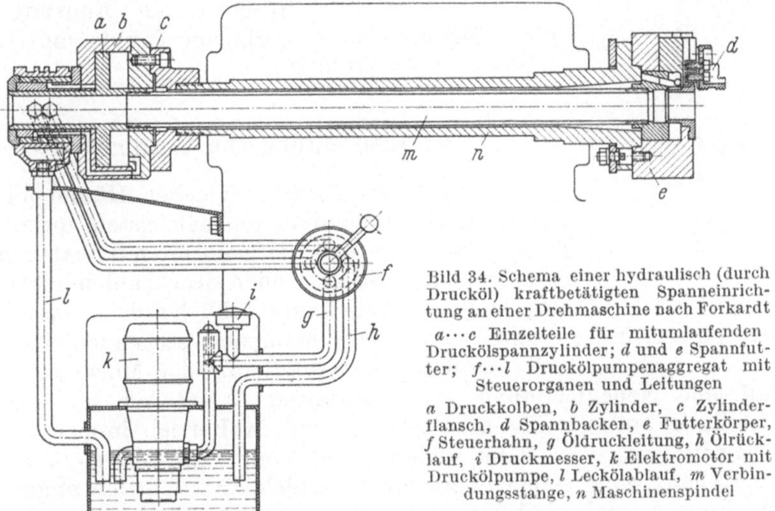

Bild 34. Schema einer hydraulisch (durch Drucköl) kraftbetätigten Spanneinrichtung an einer Drehmaschine nach Forkardt

$a \cdots c$ Einzelteile für mitumlaufenden Druckölspannzylinder; d und e Spannfutter; $f \cdots l$ Druckölpumpenaggregat mit Steuerorganen und Leitungen

a Druckkolben, b Zylinder, c Zylinderflansch, d Spannbacken, e Futterkörper, f Steuerhahn, g Öldruckleitung, h Ölrücklauf, i Druckmesser, k Elektromotor mit Druckölpumpe, l Leckölablauf, m Verbindungsstange, n Maschinenspindel

Erwähnenswert ist, daß die einzelnen kraftbetätigten Spannzeuge in der gleichen Ausführung sowohl pneumatisch als auch hydraulisch und auch elektrisch betätigt werden können.

Die Arbeitsfolge auf der Revolverdrehmaschine und die in den einzelnen Arbeitsstufen zu benutzenden Werkzeuge und Sonderwerkzeuge zeigt Bild 31. Zu bemerken ist hierzu noch, daß beim ersten Umspannen des Werkstückes zur Bearbeitung des unteren Zapfens in Pos. 6 dieses schnell nach Herausnahme der Körnerspitze durch einen an dessen Stelle in das Zweibackenfutter einzusetzenden Zentrierdorn zur Mitte Revolverkopf zentriert werden kann, und daß beim nochmaligen Umspannen zur Bearbeitung des seitlichen Gewindezapfens (Pos. 7) das Werkstück beim mittenden Festspannen auch gleichzeitig zur Mitte dieses Zapfens zentriert werden muß. Das kann einfach und schnell nach Bild 35 durch eine mit leichtem Spiel in den Zwischenraum der beiden Spannbacken a_1 und a_2 fassende Ausrichtplatte e, in deren Mitte der Zentrierdorn f eingeschrumpft sitzt, durchgeführt werden. Beim Ansetzen dieser Ausrichtplatte mit ihrem in deren Zwischenraum hineinragenden Ansatz e_1 ist das Werkstück mit seiner bereits in Pos. 5 geriebenen Hauptbohrung so weit auf den Zentrierdorn f hinaufzuführen, bis dieser an der Sitzfläche h des Werkstückes anschlägt. Damit ist das durch die Spannbacken gemittete Werkstück nun auch noch durch die Ausrichtplatte mit dem Zentrierdorn zentriert und entfernungbestimmt.

Zuletzt muß man die *Sitzfläche von Hand nachfräsen*, um eine vollkommene Dichtigkeit des Ventilsitzes bei dem vorliegenden hohen Druck zu erzielen. Sie muß deshalb völlig glatt und riefenfrei sein und genau rechtwinklig zur Spindel-

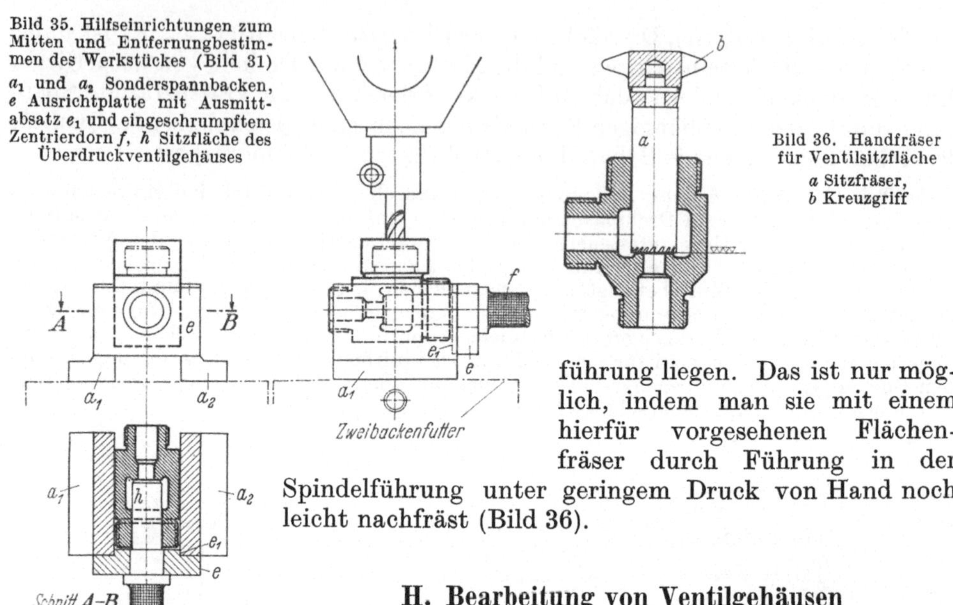

Bild 35. Hilfseinrichtungen zum Mitten und Entfernungbestimmen des Werkstückes (Bild 31)
a_1 und a_2 Sonderspannbacken, e Ausrichtplatte mit Ausmittabsatz e_1 und eingeschrumpftem Zentrierdorn f, h Sitzfläche des Überdruckventilgehäuses

Bild 36. Handfräser für Ventilsitzfläche
a Sitzfräser, b Kreuzgriff

führung liegen. Das ist nur möglich, indem man sie mit einem hierfür vorgesehenen Flächenfräser durch Führung in der Spindelführung unter geringem Druck von Hand noch leicht nachfräst (Bild 36).

H. Bearbeitung von Ventilgehäusen

Armaturen wie Ventile, Schieber, Hähne gehören mit zu den im Maschinenbau am häufigsten vorkommenden Teilen. Zwar werden die genormten Armaturen, so vor allem Ventile, in solch großen Stückzahlen gebraucht und hergestellt, daß sie hauptsächlich nur von wenigen dafür besonders eingerichteten unter scharfem Wettbewerb stehenden Spezialfirmen durch eine ausgeklügelte Massenfertigung so billig auf den Markt gebracht werden, daß eine Nebenfertigung von genormten Armaturen im eigenen auf die Herstellung anderer Erzeugnisse eingestellten Betrieb immer zum Scheitern verurteilt ist. Es kann daher wohl kaum ein allgemeines Interesse daran bestehen, hier solche Fertigungsbeispiele mit Vorrichtungen zu behandeln. Eine Ausnahme bilden nur die vielfach vorkommenden Sonderausführungen, wie z. B. federbetätigte Rückschlagventile, Regelventile, Druckminderventile, Entwässerungsventile, Schnellschlußventile, Fahr- bzw. Manövrierventile, Dampfentnahmeventile, Heißdampfventile, Sicherheitsventile usw., wie sie vielfach im Turbinenbau, Motorenbau, Kesselbau, in den Ölraffinerien, in den Betrieben der chemischen Industrie usw. vorkommen. Da derartige Ventile wegen ihrer Verschiedenartigkeit und kleineren Stückzahlen auch bei den Spezialfirmen wohl kaum anders wie auch in manchen anderen für eine Vielfalt von Werkstücken eingerichteten Betrieben mit Hilfe besonders hierfür konstruierter Vorrichtungen und Sonderwerkzeuge bearbeitet werden können und die Eigenfertigung wegen der für Sonderausführungen mitunter sehr langen Lieferfristen manchmal eine zwingende Notwendigkeit sein kann, soll hier anschließend doch ein Beispiel gebracht werden, wobei die Fertigung auch im eigenen Betrieb lohnend sein könnte.

Bei diesem Beispiel handelt es sich um die Bearbeitung eines Heißdampfventiles aus legiertem, warmfestem Stahlguß von 40 NW mit aufgeschweißtem Sitz. Aus den folgenden Gründen soll dieses Bearbeitungsbeispiel (Bilder 37 bis 43) hier behandelt werden:

a) Es handelt sich um ein Eckventilgehäuse mit angegossenem Stopfbuchsenaufsatz. Dadurch ergibt sich eine etwas ungewöhnliche, für die Bearbeitung und die Vorrichtungskonstruktion etwas schwierige Form und eine im Verhältnis zur Nennweite größere Länge als üblich.

b) Ferner werden solche Spezialventilgehäuse nicht gerade in größeren Stückzahlen hergestellt, so daß die Vorrichtungen nur so einfach wie möglich, hauptsächlich auf den Zweck der Austauschbarkeit hin konstruiert sein müssen.

Gerade der letztere Grund läßt die Frage aufkommen, ob es sich überhaupt lohnt, für solche komplizierten Werkstücke Vorrichtungen und Sonderwerkzeuge einzuplanen und sie nicht vielleicht doch billiger mit behelfsmäßigen Mitteln zu bearbeiten. Meistens kommt man jedoch nach sorgfältiger Kalkulation zu dem Schluß, daß der Einsatz zweckentsprechend konstruierter Vorrichtungen nicht nur lohnend, sondern sogar zwingend sein kann, und zwar aus folgenden Gründen:

a) Allein zur Bearbeitung auf der Drehmaschine müßte das Werkstück viermal unter sehr schwierigen Umständen aufgespannt und ausgerichtet werden. Diese Aufspannungen lassen sich außerdem auch nicht so ohne weiteres ohne Benutzung irgendwelcher behelfsmäßiger Hilfsmittel wie Spannwinkel usw. ausführen.

b) Zum Bohren ohne Vorrichtung müßte das Werkstück dreimal auf dem Bohrmaschinentisch aufgespannt werden. Die in den Bildern 41 und 42 erkennbaren Löcher für die Stopfbuchsen-Klappschrauben müssen in jedem Fall, also auch bei Verwendung einer noch so ausgeklügelt konstruierten Bohrvorrichtung, wegen ihrer Unzugänglichkeit in einer besonderen Aufspannung gebohrt werden.

c) Die mit Bezug auf die Baulängen, die Lochkreise, die Lochteilungen und die Lochstellungen dringend geforderte Austauschbarkeit ließe sich ohne entsprechende Vorrichtungen entweder überhaupt nicht oder bestenfalls nur unter sehr mühevoller und langwieriger Nacharbeit erreichen.

d) Selbst wenn für die runden Flanschen Ringbohrschablonen vorhanden sein sollten, würden sich ohne Verwendung einer Sondervorrichtung auch dann noch ziemliche Anreißarbeiten ergeben; denn zumindest die Längen und die Mittelrisse sowie die Löcher des Vierkantflansches müßten angerissen werden, wobei eine wirkliche Austauschbarkeit dann immer noch in Frage gestellt sein würde.

Eine Kalkulation erbrächte dann auch den Nachweis, daß sich durch die Anwendung eigens hierfür konstruierter Vorrichtungen trotz der verhältnismäßig geringen Stückzahl immerhin noch bemerkenswerte Einsparungen ergeben können, wenn diese nur auf den Zweck der Austauschfähigkeit hin und unter Verzicht auf besonders komplizierte Spannelemente konstruiert werden, da die durch diese beim Spannen zu erzielenden Verringerungen der Nebenzeiten im Verhältnis zu den Arbeitszeiten bei den geringen Stückzahlen bedeutungslos sind. So ist denn auch hier auf die Festlegung der einzelnen Arbeitsstellungen des Gehäuses beim Drehen durch die Preßluftfeststellung (II. Teil, 7. Aufl., Bild 55) ebenso wie auch auf die teure Feststellung durch eine Kurvenscheibe (II. Teil, 7. Aufl., Bild 54) zu verzichten. In den Bildern, die den nachfolgenden Arbeitsablauf illustrieren, kommt besonders für die Drehvorrichtung die einfachere Konstruktion zum Ausdruck.

Die mechanische Bearbeitung beginnt mit dem *Drehen der Hauptbohrung mit Flansch, des runden seitlichen Anschlußflansches, des Stopfbuchsenaufsatzes und des seitlichen Vierkantflansches.* Aus dem bereits angegebenen Grunde ist die hierfür bestimmte geschweißte Rundbearbeitung-Spannvorrichtung (Bild 37) so einfach wie möglich, aber doch zweckentsprechend konstruiert. Der an der Planscheibe der Revolverdrehmaschine zu zentrierende und zu befestigende Vorrichtungskörper a trägt den um einen Zapfen schwenkbaren Aufnahmeteil b. Das Werkstück wird bei hochgeklappten Spannbügeln g und h in die an den Aufnahmekörper angeschweißten Prismenstücke d und e und auf die in einem ebenfalls auf den Aufnahmekörper geschweißten Klotz f_1 eingesetzte Wippe f gelegt (Dreipunktauf-

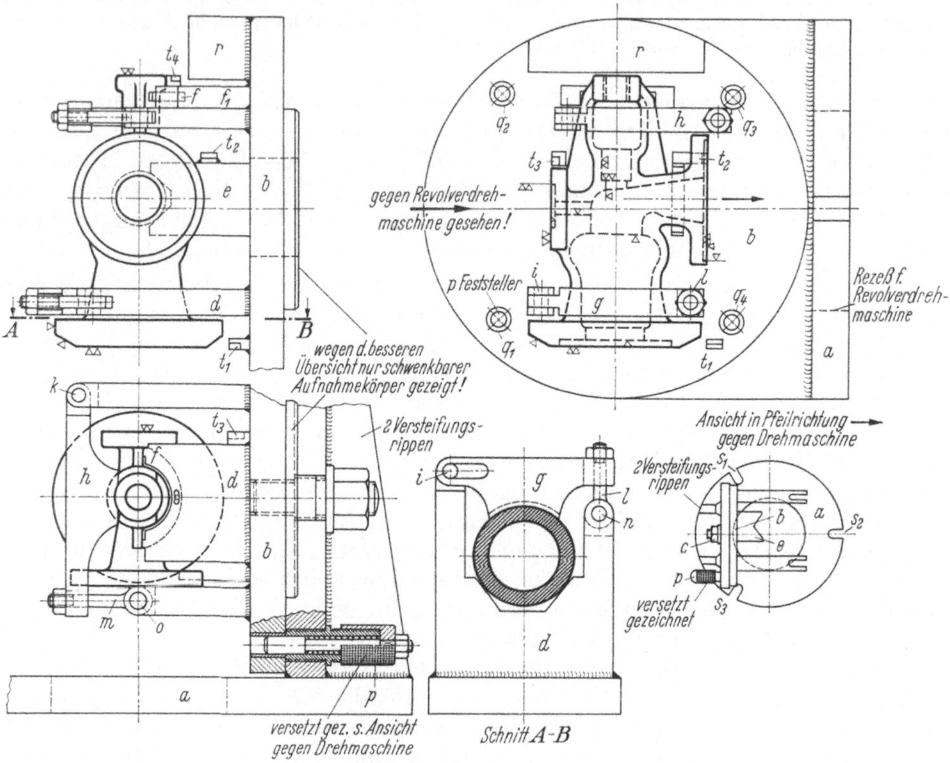

Bild 37. Schwenkbare Rundbearbeitung-Spannvorrichtung

a Vorrichtungskörper, *b* um Zapfen schwenkbarer Aufnahmekörper, *d* und *e* Prismenstücke sowie *f* Wippe, stützen, mitten und bestimmen Werkstück, *g* und *h* an Bolzen *i* und *k* angelenkte Spannbügel, *l* und *m* Augspannschrauben, um Gelenkbolzen *n* und *o* schwenkbar, *p* Feststeller, $q_1 \cdots q_4$ gehärtete Justierbuchsen, *r* Ausgleichgewicht, $s_1 \cdots s_3$ Spannschlitze, $t_1 \cdots t_4$ Maßklötzchen zum Einstellen der Drehmeißel

lage) und so gestützt und gemittet. Sodann wird das Werkstück mit den an den Augbolzen *i* und *k* angelenkten Spannbügeln *g* und *h* durch die an den Gelenkbolzen *n* und *o* angelenkten Augspannschrauben *l* und *m* festgespannt. Zum Schwenken in die vier verschiedenen Arbeitsstellungen muß jeweils der Drehzapfen *c* gelöst und nach dem Einrasten des ebenso wie der Spannbolzen einfach gehaltenen Feststellers *p* in eines der im Aufnahmekörper dafür vorgesehenen, mit gehärteten Führungsbuchsen versehenen Stellungslöcher q_1 bis q_4 wieder festgespannt werden. Für das unbedingt notwendige Auswuchten dieser Vorrichtung ist auf den Vorrichtungskörper das Ausgleichsgewicht *r* geschweißt. An entsprechenden der jeweiligen Lage angeschweißten Klötzen sind die gehärteten Meßplättchen t_1 bis t_4 hart aufgelötet, nach denen jeweils der Drehmeißel einzustellen ist.

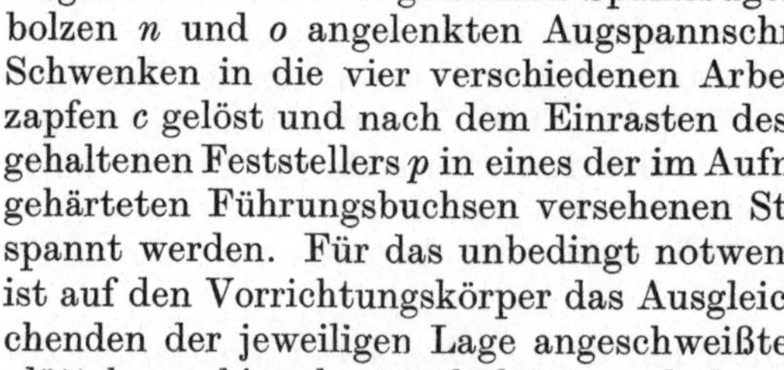

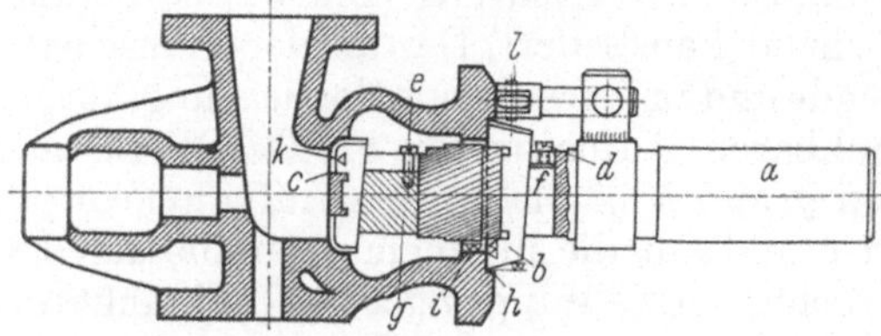

Bild 38. Sonderwerkzeug *I* für Heißdampf-Eckventilgehäuse

a Werkzeugschaft mit Bohrmessern *b* und *c*; Schrauben *d* und *e* und Keilen *f* und *g* zum Einstellen und Festsetzen der Bohrmesser; *h* Flanschrezeß; *i* Flanschbohrung und *k* Sitzausdrehung des Ventilgehäuses; *l* einstellbarer mitlaufender Anschlag am Werkzeugschaft *a*

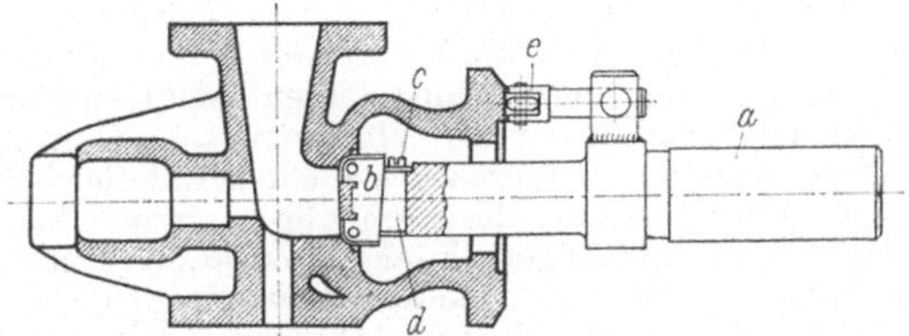

Bild 39. Sonderwerkzeug II für Heißdampf-Eckventilgehäuse

a Werkzeugschaft mit Formmesser *b*, *c* Schraube
und *d* Keil zum Einstellen und Festsetzen des
Formmessers, *e* mitlaufender Anschlag am Werkzeugschaft *a*

Zur Bearbeitung der Hauptbohrung ist das Sonderwerkzeug (Bild 38) angefertigt, an dem die Bohrmesser *b* und *c* durch die Schrauben *d* bzw. *e* und die
Keile *f* bzw. *g* ein- und nachgestellt werden können. Nach dem Überdrehen des
Deckelflansches werden mit diesem Werkzeug der Deckelrezeß *h*, die Flanschbohrung *i* und die Sitzeindrehung *k* in einem Zuge eingearbeitet. Für das Ein-
halten der Tiefenmaße gibt ein am Werkzeugschaft *a* angebrachter mitlaufender
und einstellbarer Anschlag *l* die Gewähr. Sodann wird mit dem Sonderwerkzeug
(Bild 39) für den Sitz die Eindrehung für das Aufbringen des Schweißgutes ausgeführt. Das hierfür im Werkzeugschaft *a* sitzende Formmesser *b* kann durch die
Schraube *c* und den Keil *d* ebenfalls ein- und nachgestellt werden. Am Schaft ist
der gleiche Anschlag *e* wie am Sonderwerkzeug (Bild 38) angebracht.

Das *Andrehen des Sitzes* nach dem Auftragen des Schweißgutes kann an
diesem Eckventilgehäuse nicht einfach in einem Zweibackenfutter vorgenommen werden, weil die Seitenflansche, an denen gespannt werden müßte, einen
ungleichen Mittenabstand haben und es sich deshalb nur unter Zuhilfenahme
einer dem Abstandsunterschied entsprechend starken Platte mitten ließe. Vor
allem würde das wegen der Höhe des angegossenen Stopfbuchsenaufsatzes sehr
hohe Spannbacken verlangen, wodurch der Spielraum für das Drehen und Messen zu sehr eingeengt werden würde. Darum würde es in diesem Fall einfacher
sein, das Eckventilgehäuse an einer Spitzendrehmaschine auf einen verstellbaren
Spannwinkel zu spannen und es hierbei mit einer Meßuhr genau nach der Fläche
und dem Rezeß des großen Flan-
sches auszurichten, damit der Sitz
genau zentrisch angedreht werden
kann.

Für das *Bohren der Flanschlöcher* ist
wegen des sonst unvermeidlichen drei-
maligen Spannens die Kippbohrspannvorrichtung (Bild 40) vorgesehen. Hierbei handelt es sich um eine geschweißte
Ausführung. Wegen der einfacheren
Bearbeitung ist die Wand a_1 als Platte
angeschraubt.

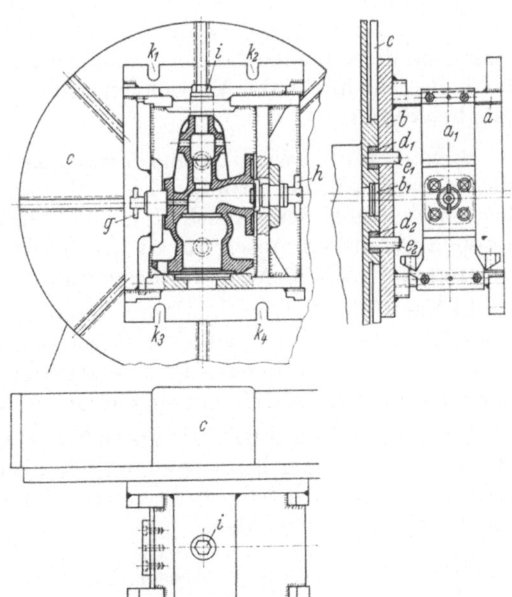

Bild 40. Kippbohrspannvorrichtung
am Wendespanner

a Vorrichtungsgehäuse, a_1 angeschraubte Bohrplatte, *b* angeschweißte Sonderplatte zum Ansetzen
der Vorrichtung am Wendespanner mit Zentrier-
rezeß b_1 zum Mitten, *c* Wendespanner mit den
gehärteten Führungsbuchsen d_1 und d_2, in denen
Kippbohrspannvorrichtung durch Indexstifte e_1
und e_2 bestimmt wird; *f* Rezeßscheibe mittet
Werkstück in Bohrvorrichtung, das in dieser durch
Druckschrauben *g* und *h* bestimmt und durch
Spannschraube *i* gespannt wird; $k_1 \cdots k_4$ Spannschlitze

Falls dem Betrieb Wendespanner (Schwenkböcke) c zur Verfügung stehen, die wegen ihrer vielseitigen und kraftsparenden Verwendungsmöglichkeiten in keinem mitteren oder größeren Betrieb mehr fehlen sollten, ist die Kippbohrspannvorrichtung in Verbindung mit einem solchen anzuwenden. Man spart so z. B. in diesem Falle das dreifache Kippen der mit dem eingespannten Werkstück nicht gerade leichten Vorrichtung auf dem Bohrmaschinentisch. Allerdings muß die Kippbohrspannvorrichtung, mit der am Wendespanner gearbeitet werden soll, mit einigen einfachen Zusatzmitteln eigens dafür eingerichtet werden. So muß sie vor allem mit einer Spannplatte b versehen sein, falls diese nicht schon aus rein konstruktiven Gründen vorgesehen ist. Diese muß mit einem Rezeß b_1 ausgeführt und mit den Indexstiften e_1 und e_2 versehen sein, damit die Kippbohrspannvorrichtung ohne irgendwelche Ausrichtarbeit in ihrer erforderlichen Stellung an der Planscheibe des Wendespanners fixiert werden kann. Die Spannplatte b sollte zur leichteren Befestigung am Wendespanner mit den Spannschlitzen k_1 bis k_4 versehen werden. Diese Hilfsmittel sind von untergeordneter Bedeutung, wenn man bedenkt, daß man jede andere Art behelfsmäßiger Hilfsmittel einspart, derer man ohne Wendespanner zum Festhalten und zur Vermeidung einer Verdrehung oder eines etwaigen Anhebens der Kippbohrspannvorrichtung auf dem Bohrtisch bedarf[1].

Die Wirkungsweise der Wendespanner, die nur mit einem unter Federspannung stehenden Handgriff sehr leicht zu bedienen sind, ist im II. Teil, 7. Aufl., Abschn. 39 b, ausführlich beschrieben.

Die Arbeitsweise dieser Kippbohrspannvorrichtung ist wie folgt: nachdem die Druckschrauben g, h und i so weit zurückgeschraubt worden sind, daß das Werkstück eingeführt werden kann, wird dieses mit dem Rezeß im Bohrkasten zentriert. Beim Einführen des Werkstückes ist darauf zu achten, daß die Anschlußflansche an der richtigen Seite liegen, weil sie unterschiedlich sind. Durch die Anpressung der Druckschrauben g und h gegen die Seitenflansche des Ventilgehäuses wird dieses in seiner Lage in der Bohrvorrichtung bestimmt. Hierauf ist die Druckschraube i anzuziehen.

Eine Kalkulation muß ergeben, ob nicht auch hierfür der Einsatz von Vielspindelbohrmaschinen bzw. Mehrspindelbohrköpfen sinnvoll sein könnte[2], wobei zu bedenken ist, daß dann das Gewinde in die vier Löcher des Vierkantflansches nachträglich geschnitten werden müßte.

Eigentlich verstößt es gegen die Regel, gegen die oder mit der Bohrplatte zu spannen. Es läßt sich aber, so wie hier, nicht immer vermeiden. Die Nichtbeachtung dieser Regel ist aber nicht so bedeutsam, wenn die Bohrplatte bzw. -wand entsprechend steif gehalten wird oder die Bohrkraft nicht allzu hoch ist.

Sodann ist das *Bohren der Löcher für die Klappschrauben der Stopfbuchse* auszuführen. Nach Herausnahme des Werkstückes aus der Kippbohrspannvorrichtung sind diese beiden Löcher gesondert zu bohren, da sie wegen ihrer Unzugänglichkeit nicht mit in der Vorrichtung gebohrt werden können. Hierzu gibt es zwei Möglichkeiten:

a) Nach Bild 41 wird die am Führungszapfen b befestigte Bohrschablone a durch diesen Zapfen in der Stopfbuchsenbohrung geführt und an deren oberen Rand begrenzt. Nach dem Ausrichten der Schablone nach den beiden angegossenen Lappen für die Klappschrauben wird diese dann mit dem Keil c von den beiden inneren Nabenflächen aus festgespannt.

b) Nach Bild 42 wird die Bohrschablone a einfach über den vierkantigen Seitenflansch des Gehäuses geschoben, durch den Flanschrezeß b zur Mitte ausgerichtet und durch den mit Kreuzgriff c versehenen Bolzen d in einem der vier bereits in der vorigen Arbeitsstufe gebohrten Gewindelöcher festgespannt.

Im ersteren Fall dürfte die Vorrichtung etwas billiger in der Herstellung, aber etwas umständlicher beim Spannen sein als im zweiten. In beiden Fällen braucht aber das Werkstück beim Bohren der Löcher mit nur 8 mm Durchmesser selbst nicht gespannt zu werden.

---

[1] Siehe III. Teil, 6. Aufl., Abschn. 50.
[2] Siehe Kap. I.

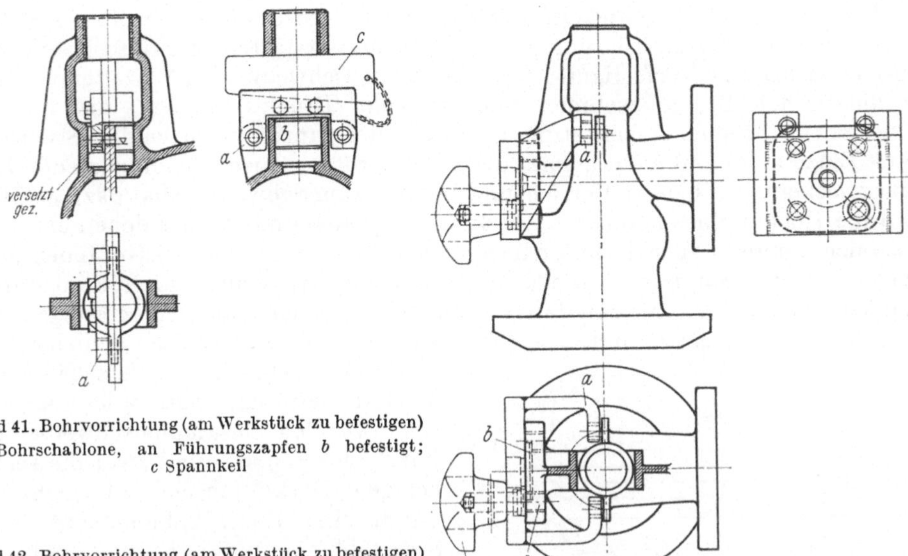

Bild 41. Bohrvorrichtung (am Werkstück zu befestigen)
a Bohrschablone, an Führungszapfen *b* befestigt;
c Spannkeil

Bild 42. Bohrvorrichtung (am Werkstück zu befestigen)
a Bohrschablone, im Rezeß *b* gemittet, wird mittels
Kreuzgriff *c* und Bolzen *d* festgespannt

Probedrücken mit 60 atü. Auch in diesem Beispiel kann ein Probestand für Armaturen[1] wegen des zu hohen Druckes nicht benutzt werden. Das Ventilgehäuse muß deshalb zum Abdrücken mit eigens dafür angefertigten Blindflanschen dichtgesetzt werden. Als billigste und wirksamste Dichtungen sind solche aus Weicheisen anzusehen. Sollten solche nicht immer zur Verfügung stehen, so kann auch Klingerit 1000 mit Kupfereinlage verwendet werden. An diesem Eckventilgehäuse mit dem angegossenen Stopfbuchsenaufsatz ist außer den Blindflanschen *a*, *b* und *c* noch ein Blindpfropfen *d* zum Abdichten der Stopfbuchsenbohrung notwendig (Bild 43).

I. Herstellung geschweißter Gehäuse für Flachkeilschieber

Die Schieber — gleich den Ventilen Absperrorgane — finden ebenfalls im gesamten Bereich der Technik Anwendung. Obgleich auch sie, ebenso wie die Ventile, als Flachkeil- und Ovalschieber ziemlich weitgehend genormt sind, und zwar auch wie diese für niedrige Drücke aus Gußeisen und für höhere Drücke aus Stahlguß, gibt es wie bei den Ventilen auch für die Schieber für die verschiedensten Verwendungszwecke noch viele von den Normen abweichende Abarten. Für Ölleitungen werden z. B. seit langem vielfach leichte geschweißte Schiebergehäuse verwandt.

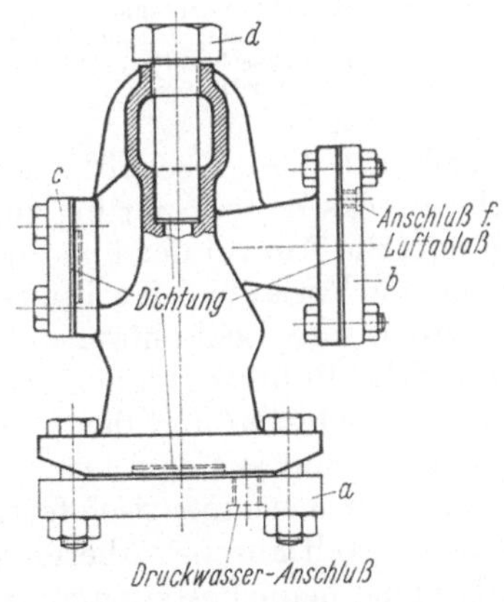

Bild 43. Teile für den hydraulischen Probedruck von 60 atü an einem Heißdampf-Eckventilgehäuse NW 40

a, *b* und *c* Blindflansche, *d* Blindpfropfen für die Stopfbuchsenbohrung

---

[1] Siehe II. Teil, 7. Aufl., Bild 153.

Die heutige hochentwickelte Schweißtechnik sowie die bei größeren Stückzahlen mögliche Spezialisierung in den Schweißwerkstätten und Kesselschmieden durch gleichzeitige Vorfertigung der zusammenzuschweißenden Einzelteile mittels automatischer Brennmaschinen und spezieller Drückwerkzeuge, die Ausführung jeder einzelnen Arbeitsstufe an jeweils der ganzen vorliegenden Stückzahl eines Einzelteiles und nicht zuletzt der immer größere Ausmaße annehmende Einsatz zweckentsprechender Vorrichtungen (auch zum Schweißen) hat dazu geführt, daß die Kosten eines geschweißten Schiebergehäuses nicht über denen eines gegossenen, sondern eher darunter liegen. Zudem entfällt der bei Gußteilen gelegentlich doch noch immer wieder vorkommende Ausschuß durch Porositäten, Lunkerstellen u. dgl. mit den dadurch unvermeidlichen Lieferverzögerungen und Mehrkosten hier ganz, und es ergibt sich bei den geschweißten Schiebern ein weiterer nicht zu unterschätzender Vorteil dadurch, daß alle Flansche schon vor dem Zusammenschweißen gebohrt sein können, und zwar die rechteckigen Deckelflansche zu mehreren durch eine Bohrschablone auf einer Standbohrspannvorrichtung und die runden Anschlußflansche paketweise in einer Schnellbohrspannvorrichtung. Das ist natürlich einfacher, als wenn das Gehäuse in einer kostspieligen Kippbohrspannvorrichtung unter dreifachem Umkanten, wenn auch durch das leichtere dreifache Schwenken am Wendespanner, gebohrt werden müßte. So ist für solche Zwecke mit niedrigen Drücken und bei Fortfall der Dichtungsringe bei Ölleitungsschiebern die Schweißkonstruktion mit ihrem leichteren Gewicht fraglos im Vorteil, vorausgesetzt, daß man richtig vorgeht.

Man beginnt deshalb mit dem *Bohren der Deckelflanschlöcher.* Solche plattenartige Teile wie diese Deckelflansche werden im allgemeinen ebenso wie runde Flansche zwecks Zeiteinsparung zum Bohren zu mehreren übereinandergespannt. Jedoch darf die Anzahl der übereinandergespannten Flansche nicht zu groß sein, da mit einem Verlaufen der Bohrers gerechnet werden muß, so daß die Löcher schief werden und Lochteilungsdifferenzen entstehen können. Dabei kommt es sowohl auf die Bohrschablonenstärke wie auch auf die Stärke der zu bohrenden Flansche oder Platten und den geforderten Genauigkeitsgrad an. In diesem Beispiel (Bild 44) sind auf dem Grundkörper a, der in seinen Spannschlitzen a_1 und a_2 auf dem Bohrmaschinentisch festgespannt ist, zusammen mit der Bohrschablone b nur zwei Deckelflansche c übereinandergespannt. Daher genügt es, Flansche und Bohrschablone beim Festspannen mit den am Grundkörper an den Gelenkbolzen e_1 und e_2 angelenkten Spannbügeln d_1 und d_2 und den Spannschrauben f_1 und f_2 nach den Umrissen des Grundkörpers auszurichten (bestimmen), da erstens die Flansche auf der automatischen Brennmaschine oder doch wenigstens nach dem nach einer Blechschablone ausgeführten Anriß sehr genau ausgebrannt worden sind, zweitens die Durchgangslöcher der Deckelflansche ziemlich viel Spiel haben und

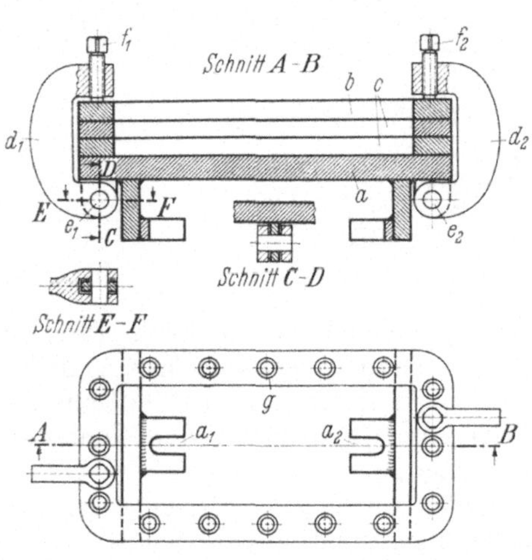

Bild 44. Standbohrspannvorrichtung mit Bohrschablonenplatte aus Hartpapier

a Grundkörper in Schweißkonstruktion, b Bohrschablonenplatte aus Hartpapier, c Werkstücke (zwei Hauptflansche für geschweißte Flachkeilschieber), d_1 und d_2 Spannbügel, am Grundkörper durch Gelenkbolzen e_1 und e_2 angelenkt, f_1 und f_2 Spannschrauben, g 16 feste Bohrbuchsen

drittens, weil bei den späteren Arbeitsstufen durch die in den entsprechenden Vorrichtungen sitzenden Zentrierstifte zum Mitten und Bestimmen der Schiebergehäuse von diesen Löchern ausgegangen wird.

Da die Bohrschablone b immer wieder von Hand bewegt werden muß, ist sie aus leichtem Hartpapier oder Hartgewebe herzustellen, in dem die Festbohrbuchsen g sehr stramm sitzen. Diese Kunststoffe sind sehr unempfindlich gegen Seifenwasser und andere Kühl- und Schmiermittel und zudem auch verzugsfrei.

Gleichzeitig kann auf einer anderen Bohrmaschine auch schon das *Bohren der Löcher in die Anschlußflansche* erfolgen. Hierzu wird am besten ein Schnellspanner (Bild 45) benutzt, wie er auch schon im Bearbeitungsbeispiel A (Bild 6) so ähnlich empfohlen wurde. Bei dem Bohrvorrichtungskörper a handelt es sich um eine neuzeitliche spanabweisende Form. Die Bohrplatte b mit den Festbohrbuchsen i ist austauschbar, so daß viele verschiedene Flansch- und plattenartige Körper, sofern sie nur zwischen die beiden Spannsäulen e und h passen, auf dieser Vorrichtung gebohrt werden können. Wie schon im Abschnitt A erwähnt, ist die

Wirkungsweise der im Innern der Vorrichtung aus Ritzeln, Zahnstange und Stabfedern bestehenden Spannteile im II. Teil, 7. Aufl., Abschn. 35 und 40 beschrieben. Besonders bemerkenswert an dieser Vorrichtung ist der um die Spannsäule e schwenkbare Werkstückträger d für eine doppelte Werkstückaufnahme mit den beiden ebenfalls austauschbaren Ausmittstücken c_1 und c_2.

Das Arbeiten mit dieser Vorrichtung geht so vor sich, daß zunächst über das äußere Ausmittstück drei Flansche g gelegt werden und dann der Werkstückträger mit diesen Flanschen unter die Bohrplatte geschwenkt wird,

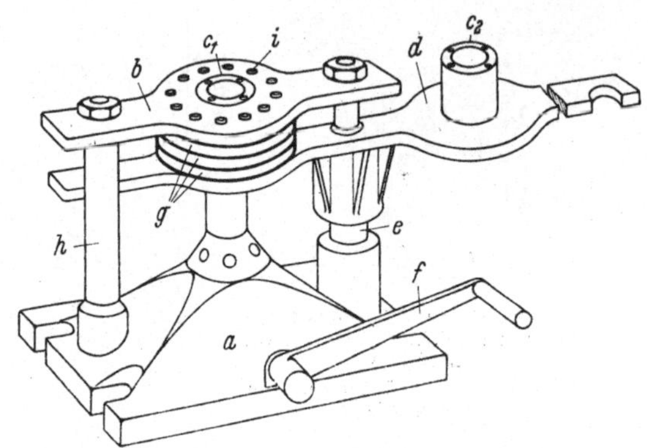

Bild 45. Universelle Schnellspannvorrichtung
(Standbohrspannvorrichtung)

a Bohrvorrichtungskörper, b austauschbare Bohrplatte, c_1 und c_2 austauschbare Ausmittstücke, d Werkstückträger, schwenkbar um Spannsäule e für Doppelbeschickung, f Handhebel, g Werkstücke (3 Schweißflansche für Anschlußstutzen) h zweite Spannsäule, i 12 feste Bohrbuchsen

bis er an der Spannsäule h anschlägt, wodurch die Flansche gemittet werden. Gleichzeitig wird mit dem unter Federdruck stehenden Handhebel f die Bohrplatte so weit nach unten gedrückt, daß sie die drei Flansche auf dem Werkstückträger festspannt und die Flanschlöcher gebohrt werden können. Während des Bohrens dieser Flansche werden schon die nächsten drei über das jetzt außen liegende Ausmittstück gesetzt, wodurch die Nebenzeit für das Aufsetzen der Flansche entfällt. Da diese Flansche in der Regel ebenfalls auf einer automatischen Brennmaschine oder mit einem Brennerzirkel genau ausgebrannt worden sind, genügt es, wenn die Ausmittstücke bis zu 1 mm kleiner im Durchmesser gehalten werden als die Flanschbohrungen, da die zu bohrenden Löcher wie im vorigen Fall Durchgangslöcher sind und die Lage der Anschlußflansche für die Rohranschlüsse der Schieber sowieso nicht allzu genau sein braucht. Gerade in diesem Fall, in dem es sich um gleich große Durchgangslöcher handelt und keine Gewindelöcher zu bohren sind, ergibt sich ganz besonders die Frage, ob nicht vorteilhaft eine Vielspindelbohrmaschine oder ein Mehrspindelkopf eingesetzt werden sollte. Das würde bei größeren Stückzahlen zu empfehlen sein; doch müßte in diesem Beispiel, da es sich um zwölf Löcher je Anschlußflansch handelt, bei Benutzung eines Mehrspindel-

bohrkopfes in zwei Stufen zu je sechs Löchern gebohrt werden, weil es handelsübliche Mehrspindelbohrköpfe mit mehr als acht Bohrspindeln nicht gibt und die für das gleichzeitige Bohren von zwölf Löchern erforderliche Leistung von den üblichen Bohrmaschinen auch gar nicht aufgebracht werden könnte.

Diese Köpfe können leicht an allen Bohrmaschinen mit entsprechenden Leistungen angebracht werden. Es gibt sie mit ortsgebundenen und mit verstellbaren Spindeln. Der Mehrspindelbohrkopf mit ortsfest gebundenen Spindeln hat von der Bohrmaschinenspindel ein Übersetzungsverhältnis. Die einzelnen Bohrspindeln haben also alle die gleiche größere Drehzahl als die Hauptspindel, worauf bei der Wahl der Bohrerdrehzahl zu achten ist. Es kann deshalb mit einem solchen Kopf auch kein Gewinde geschnitten werden. Sie sind besonders dort vorteilhaft, wo genormte Flansche in größeren und wiederkehrenden Stückzahlen vorkommen. Man beschafft sie sich dann für solche Abmessungen, die im Betrieb am häufigsten vorkommen. Ein auf Kugellagern laufender, bestens bewährter Mehrspindelbohrkopf mit örtlich festgelegten Bohrspindeln, der mühelos an allen einschlägigen Bohrmaschinen angebracht werden kann, und die Anwendung einer Preßluft-Hebeeinrichtung für einen solchen werden im II. Teil, 7. Aufl., Abschn. 59 und 60 (Bilder 142 und 143) gezeigt. Diese Einrichtung kann an Senkrechtbohrmaschinen sehr nützlich sein, da das Gewicht des Mehrspindelbohrkopfes die Aufwärtsbewegung der Hauptspindel erschwert und die Ausgleichgewichte der Bohrmaschine sich nicht in jedem Fall schwerer machen lassen.

Einen verstellbaren Mehrspindelbohrkopf mit sechs Spindeln zeigt Bild 46. Es gibt sie mit einer Spindelzahl zwischen drei und acht. Der dargestellte Mehrspindel-

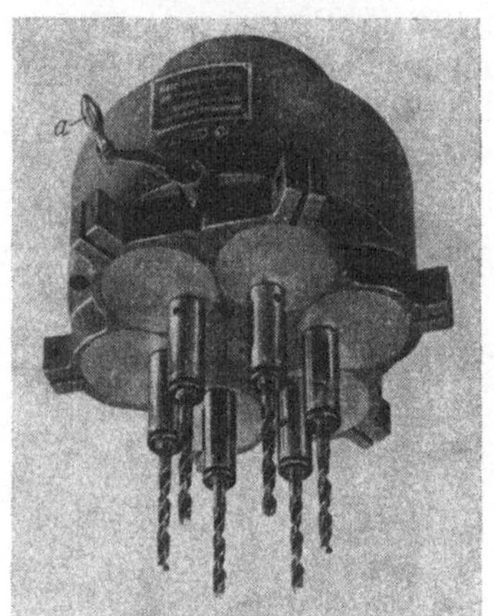

Bild 46. Verstellbarer Mehrspindelbohrkopf in Schwenkausführung (Metz KG., Aschaffenburg)

a Schwenkkurbel zum Verstellen der Spindelabstände

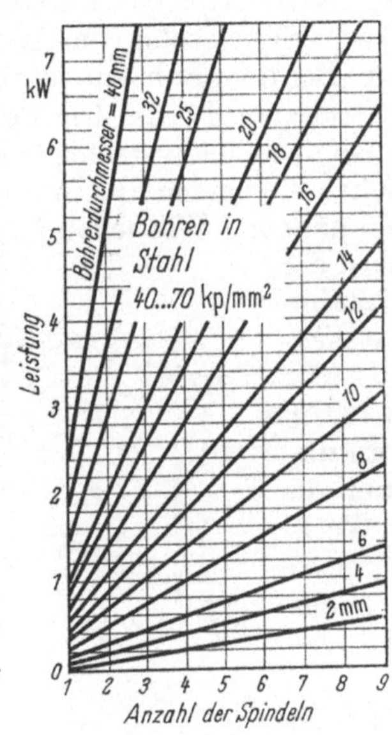

Bild 47. Metz-Leistungsdiagramm für mehrspindeliges Bohren

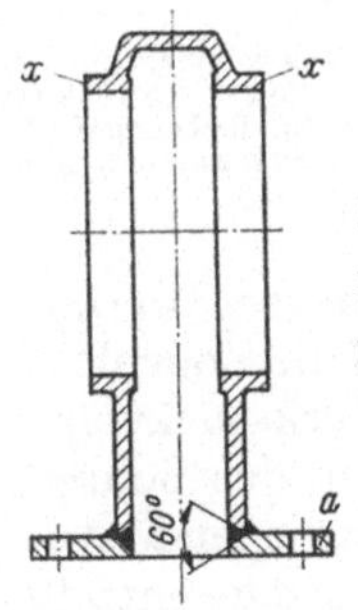

Bild 48. Zusammengeschweißter Hauptkörper eines Flachschiebergehäuses 150 NW mit angeschweißtem Hauptflansch

a Deckelflansch, *x* Schweißkanten

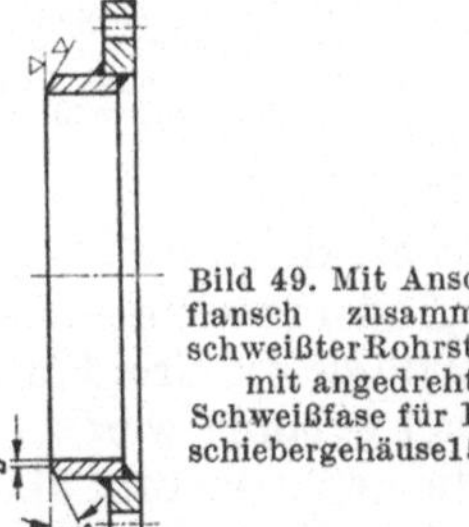

Bild 49. Mit Anschlußflansch zusammengeschweißter Rohrstutzen mit angedrehter Schweißfase für Flachschiebergehäuse 150 NW

bohrkopf hat eine zentrale Schwenkverstellung, durch die mit der Kurbel *a* sämtliche Spindeln gleichmäßig verstellt werden können.

Bild 47 zeigt ein für das mehrspindelige Bohren aufgestelltes Leistungsdiagramm.

Das *Anschweißen der Flansche* sollte am besten nach den Bildern 48 und 49 ausgeführt werden. Beim Anschweißen des Deckelflansches *a* braucht so der Schieberkörper nicht in den Deckelflansch eingepaßt werden. Außerdem nimmt die innen ligende Schweißnaht den von innen wirkenden Druck besser auf.

Nachdem der Gehäusemittelteil mit dem bereits gebohrten Deckelflansch *a* zusammengeschweißt worden ist (Bild 48), müssen die Ränder *x* zum Anschweißen der seitlichen Anschlußflanschen bearbeitet werden. Bei einer Reihenferti-

gung lohnt es sich, diese Arbeit mit einem entsprechendem Sonderwerkzeug an einer hierfür konstruierten Spannvorrichtung auf einer gewöhnlichen Bohrmaschine auszuführen. Diese Vorrichtung (Bild 50) ist zweckmäßig schwenkbar einzurichten, so daß es möglich ist, während der Erledigung des Arbeitsvorganges zur Ausschaltung der Nebenzeit ein zweites Werkstück aufzuspannen.

Die Grundplatte a dieser Vorrichtung ist an den Spannschlitzen a_1 und a_2 auf den Bohrmaschinentisch zu spannen. Der Schiebergehäusemittelteil wird mit vier der Deckelflanschlöcher an den vier an den am Schwenkbock d angeschweißten Spannplatte b entsprechend angeordneten Fixierstiften c_1 bis c_4 aufgenommen und so

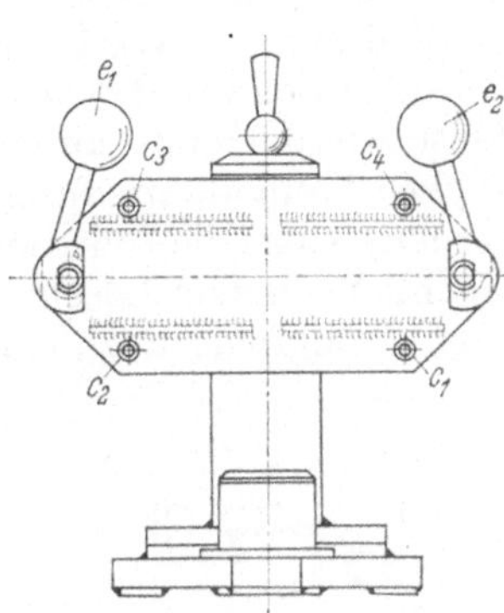

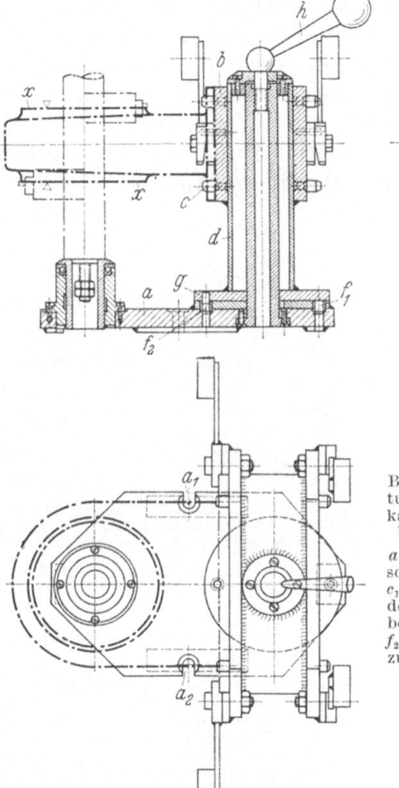

Bild 50. Schwenkbare Spannvorrichtung zum Abdrehen der Schweißkanten an geschweißten Flachschiebergehäusen auf der Bohrmaschine

a Grundplatte mit den Spannschlitzen a_1 und a_2, b Spannplatte, $c_1 \cdots c_4$ Fixierstifte zum Bestimmen des Schiebergehäuses, d Schwenkbock, e_1 und e_2 Spannhebel, f_1 und f_2 Fixierlöcher, g Indexstift, h Griff zum Lösen und Festsetzen des Schwenkbockes, x Schweißkanten

gemittet und bestimmt und mit den Spannhebeln e_1 und e_2 festgespannt.

Die Bearbeitung erfolgt mit einem Sonderwerkzeug nach Bild 51, an dem durch Druck der Spindel a gegen die Anlaufscheibe b (die gehärtet sein muß) die Hülse c gegen die Innenspindel a so weit verschoben wird, bis der im Einsatz gehärtete Anschlagbund d gegen den Druck der Feder e an der ebenfalls gehärteten Anlaufscheibe f aufläuft. Hierdurch schieben sich die in der Innenspindel schräg liegenden Leisten g_1 und g_2 durch die mit entsprechenden Nuten versehenen Stechmeißel h_1 und h_2, die hierdurch entsprechend der Schräglage der Leisten und dem Vorschub des sich drehenden Werkzeuges nach außen verschoben werden. Da diese Drehmeißel gegen

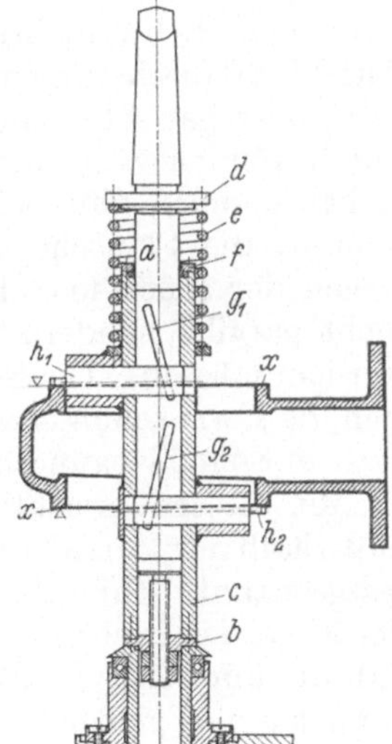

Bild 51. Sonderplandrehwerkzeug zum Andrehen der Schweißkanten an geschweißten Flachschiebergehäusen

a Innenspindel drückt gegen Anlaufscheibe b, wodurch Hülse c gegen Anlaufbund d verschoben wird und gegen Druck der Feder e an Anlaufscheibe f aufläuft und die in der Innenspindel schräg liegenden Leisten g_1 und g_2 durch die mit entspr. Nuten versehenen Stechmeißel h_1 und h_2 nach außen verschiebt

die Innenwand des Schiebergehäuses angesetzt werden, lassen sich so an diesem die überstehenden Ränder ab drehen. Bei nachlassendem Spindeldruck bewirkt die Feder e, daß die Drehmeißel wieder zurückgezogen werden.

Während das Werkstück so bearbeitet wird, kann auf der entgegengesetzten Seite des Schwenkbockes d (Bild 50) bereits ein zweites Werkstück in gleicher Weise wie das erste aufgespannt werden. Nach Fertigstellung des einen Werkstückes kann dann durch Lösen des Griffes h der Bock um 180° geschwenkt werden, wobei die Indexlocher f_1 und f_2 genau die gleiche Stellung wie vorher ergeben. Nach dem Lösen des Griffes h und beim Schwenken des Bockes d ist letzterer geringfügig anzuheben, damit der Indexstift g aus- und wieder einrasten kann. Wenn der Griff h wieder festgezogen ist, kann mit der Bearbeitung des zweiten Werkstückes begonnen werden, während das erste abgespannt und ein weiteres wieder aufgespannt wird.

Für das *Zusammenschweißen des Schiebergehäusemittelteiles mit den seitlichen Anschlußflanschstutzen* ist es empfehlens-

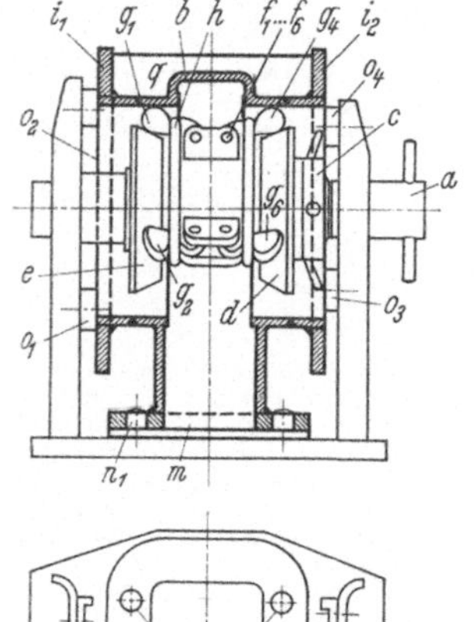

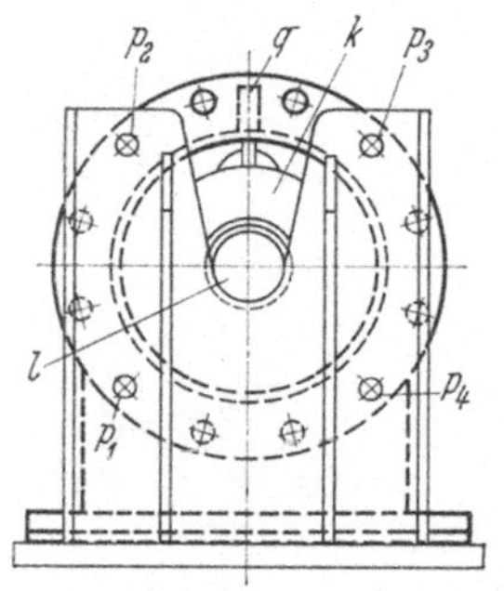

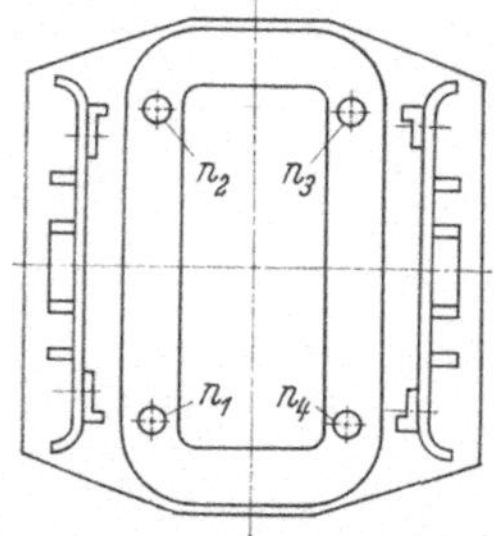

Bild 52. Schweißvorrichtung für Flachschiebergehäuse

a Welle; *b* Schiebergehäuse-Mittelteil; *c* Spannmutter, verschiebt durch Anziehen losen Kegel *d* in Richtung auf festen Kegel *e* und drückt so um Zylinderstifte $f_1 \cdots f_6$ schwenkbar angeordnete Spreizen $g_1 \cdots g_6$ nach außen zum Spannen des Schiebergehäuses; *h* Zugfedern, halten Spreizen; i_1 und i_2 Flanschstutzen werden über Welle gelegt und mit dieser durch Schlitz *k* in Lagerstellen *l* gelegt und mit Deckelflansch *m* über Stifte $n_1 \cdots n_4$ gemittet; seitliche Anschlußflansche i_1 und i_2 liegen an Anschlägen $o_1 \cdots o_4$ und werden in Flanschlöchern $p_1 \cdots p_4$ gespannt und bestimmt; *q* Gehäuserippe

wert, eine Schweißvorrichtung zu verwenden, wie sie Bild 52 zeigt, damit die Anschlußflanschstutzen auf dem richtigen Abstand zueinander und nicht versetzt oder gar schief am Schiebergehäusemittelteil angeschweißt werden. Hierdurch können viele unnötige Nacharbeiten vermieden werden, die dadurch entstehen können, daß beispielsweise, wie es in der Praxis tatsächlich auch vorkommt, die Flansche nach dem Schweißen so schief zueinander liegen, daß sie wegen der sonst manchmal erheblichen Unterschreitung ihrer Stärke einfach nicht parallel, sondern bis zu mehreren Millimetern schief zueinander abgedreht werden müssen. Die Schweißvorrichtung bringt noch den weiteren Vorteil mit sich, daß, wie schon erwähnt, alle Flansche vorher auf Bohrspannvorrichtungen bzw. in Schnellspannern gebohrt werden können.

Mit dieser Vorrichtung wird folgendermaßen gearbeitet: Die Welle a wird außerhalb der Vorrichtung mit dem Schiebergehäusemittelteil beladen und dieses festgespannt. Zum Festspannen wird die Mutter c angezogen. Hierdurch wird der Kegel d in Richtung auf den fest auf der Welle sitzenden Kegel e so verschoben, daß die um die Zylinderstifte f_1 bis f_6 schwenkbar angeordneten Spreizen g_1 bis g_6 nach außen gedrückt werden und so den Gehäusemittelteil festspannen. Diese Spreizen werden durch die Zugfedern h gehalten, so daß sie beim Zurückdrehen der Spannmutter wieder zurückgedrückt werden. Vor dem Einlegen der Welle in die Vorrichtung werden noch die beiden seitlichen Anschlußflanschstutzen i_1 und i_2 des Schiebergehäuses lose über die Welle gehängt und diese dann mit den auf ihr sitzenden Schiebergehäuseteilen durch den Schlitz k in die Lagerstellen l der Vorrichtung gelegt. Beim Einlegen wird dann der Deckelflansch m mit vier seiner bereits vorher gebohrten Löcher über die vier Zentrierstifte n_1 bis n_4 gesetzt und so gemittet. Die beiden seitlichen Anschlußflanschstutzen i_1 und i_2 werden gegen die abgeplanten Anschläge o_1 bis o_4 gelegt und durch die entsprechenden vier der ebenfalls vorher gebohrten Flanschlöcher zum Gehäusemittelteil in ihrer Lage bestimmt und durch diese festgespannt. Alsdann werden die beiden Anschlußflanschstutzen und die Gehäuserippe q angeheftet und nach dem Herausnehmen des Schiebergehäuses aus der Vorrichtung endgültig angeschweißt.

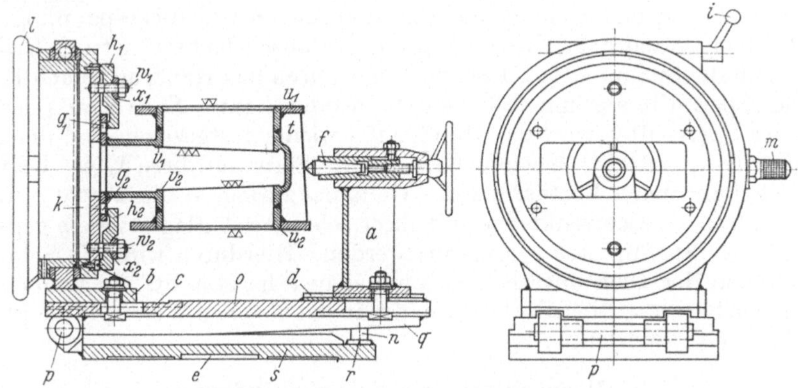

Bild 53. Drehvorrichtung für Flachschiebergehäuse

a Reitstock und b Schwenkbock in Nuten c und d geführt und aufeinander einstellbar, e Rezeß zum Zentrieren auf Drehmaschinenmitte, f Körnerspitze, $g_1 \cdots g_4$ Zentrierzapfen zum Bestimmen des Werkstückes, h_1 und h_2 Spanneisen, i Griff zum Festsetzen und Lösen der Spannplatte k, l Handrad zum Schwenken des Schiebergehäuses, m Feststeller, n Reitstockauflage, nach deren Fortnahme die Platte o um Scharnierbolzen p geschwenkt und mit ihrer schrägen Auflagefläche q gegen Anschlag r der Spannplatte s gespannt wird zum Bearbeiten der Keildichtungsflächen v_1 und v_2 (nachdem die Flanschdichtungsflächen u_1 und u_2 schon vor dem Schrägstellen der Vorrichtung eine nach der anderen jeweils an der ganzen Stückzahl durch Schwenken der Spannplatte k gedreht worden sind), t Gehäuserippe

Nach dem Zusammenschweißen und dem Entspannungsglühen und dem Sandstrahlen erfolgt dann das *Drehen der Anschlußflanschflächen und der beiden inneren Dichtflächen für den Schieberkeil.* Bei der Reihenfertigung ist es erforderlich, wie schon erwähnt, die Fertigung so einfach und so kurzfristig wie nur irgend möglich zu gestalten. Bekanntlich verlangen große Stückzahlen schnelles Spannen, und wenn die Spannzeiten dadurch wesentlich herabgesetzt werden können, kann selbst die Anfertigung einer komplizierten Vorrichtung sich bezahlt machen. Hierfür möge die Drehvorrichtung für die Bearbeitung von Schiebergehäusen auf einer Senkrechtdrehmaschine (Bild 53) als Beispiel dienen. Ihre reichlich komplizierte Ausführung verliert dadurch an Bedeutung, daß auf ihr die Schiebergehäuse zum Plandrehen der Anschlußflansche wie auch zum Überdrehen der Dichtflächen für die Schieberkeile nur zweimal gespannt werden brauchen, während ohne eine solche Vorrichtung ein viermaliges schwierigeres Spannen erforderlich wäre. Die Vorrichtung kann für Schieber verschiedener Nennweiten innerhalb eines gewissen Bereiches gebraucht werden, da Reitstock a und Schwenkbock b in den Nuten c bzw. d geführt und in der Längsrichtung aufeinander eingestellt werden können. Auch alle anderen Schieberarten des gleichen Größenbereiches, wie z. B. auch gegossene, können auf dieser Vorrichtung bearbeitet werden. Das betrifft zumindest die Anschlußflanschflächen, die Dichtungsflächen für die Schieberkeile allerdings nur, insoweit sie die normale Neigung haben.

Die Vorrichtung wird mit dem Rezeß e an der Planscheibe zur Mitte Drehmaschine aufgenommen und Reitstock a und Schwenkbock b werden für die jeweils zu bearbeitende NW so eingestellt, daß der vorgesehene Abstand vom Gehäuse-Deckelflansch bis Mitte Schiebergehäuse eingehalten wird. Nach Zurückdrehen des Körners f kann das Schiebergehäuse mit seinem Deckelflansch über die vier Fixierbolzen g_1 bis g_4 gesetzt und dadurch gemittet und bestimmt werden, so daß die Anschlußflanschflächen u_1 und u_2 parallel zur Planscheibe der Drehmaschine liegen. Dann wird das Gehäuse mit den schwenkbaren Spanneisen h_1 und h_2 festgespannt und der Reitstockkörner f gegen die zentrierte Gehäuserippe t gesetzt. Die Muttern der Spannschrauben w_1 und w_2 sitzen auf den kugelförmigen Unterlegscheiben x_1 und x_2, damit die Spannschrauben von Biegespannungen verschont bleiben. Nach dem Überdrehen einer Flanschfläche u_1 ist der Griff i zu lösen, so daß die Spannplatte k lose wird und durch das Handrad l nach Herausziehen des Sperrstiftes m um 180° gedreht werden kann. Nach dem Wiedereinklinken des Sperrstiftes wird der Handgriff i wieder festgezogen und die andere Flanschfläche u_2 gedreht. Nachdem eine ganze Serie auf diese Weise bearbeitet worden ist, kann nach Fortnahme der Reitstockauflage n die Platte o um den Scharnierbolzen p geschwenkt und mit ihrer schrägen Auflagefläche q gegen den Anschlag r der Spannplatte s gespannt werden. Hierdurch wird die Schräglage zum Andrehen der Dichtungsflächen am Gehäuse hergestellt. Es können dann an der ganzen Serie die Dichtflächen v_1 und v_2 in der gleichen Weise wie die Flanschflächen bearbeitet werden.

K. Bearbeitung von Kreuzkopfkörpern

Bei dieser Arbeit kommt es darauf an, daß die Bolzenbohrung genau rechtwinklig zur Gleitflächenmittelachse liegt. Bei der Herstellung unterlaufen in dieser Hinsicht häufig Fehler, die, besonders dann, wenn sie gering sind, auch von einem sonst zuverlässigen Werkstattprüfer übersehen werden können und erst beim Zusammenbau bemerkt werden. Schon allein aus diesem Grunde macht sich die Herstellung von Vorrichtungen bezahlt, auch wenn die Stückzahlen nur gering sind. Bei der Aufstellung darf man sich aber nicht verleiten lassen, die gleiche Reihenfolge für die Arbeitsstufen zu wählen, wie sie bei der Bearbeitung ohne Vorrichtungen üblich ist, nämlich zunächst die Gleitflächen drehen und dann das Bolzenloch bohren. Denn trotz sorgfältigster Ausführung der Vorrichtungen könnten dann noch ganz geringe Fehler in der Bolzenrichtung unterlaufen, selbst dann, wenn, wie es in diesem Beispiel der Fall ist, für das Senken und Reiben der kegeligen Bolzenbohrung Vorrichtung und Sonderwerkzeuge für doppelte Werkzeugführung eingerichtet sind, was an und für sich bei dem nachfolgend beschriebenen Verfahren nicht unbedingt erforderlich wäre, sich aber durch die Notwendigkeit, die Sonderwerkzeuge mit Anschlägen zu versehen, ohne wesentliche Mehrkosten von selbst anbietet, wie die Bilder 57 bis 59 zeigen. Das sollte auch stets ausgenutzt werden, denn die doppelte Werkzeugführung gewährleistet immer die genaueste Fluchtung der Bohrungen. Diese Bilder sind als Prinzipskizzen anzusehen. Die schneidenden Absätze könnten nämlich an Senker und Reibahlen durch höhere Bohrbuchsenbunde und das damit verbundene Höhersetzen der Anschläge etwas länger, als in den Bildern gezeigt, gehalten werden, damit bei häufigerem Nachschleifen die Durchmesser nicht zu klein werden. Es sei bei dieser Gelegenheit nochmals darauf hingewiesen, daß bei Doppelführung der Werkzeuge diese nicht starr, sondern durch eine nachgiebige Ausgleichskupplung[1] mit der Bohrspindel verbunden sein sollten.

Aus den bereits genannten Gründen wird also mit dem Bohren des Bolzenloches begonnen. Da dieses zu den unbearbeiteten Gleitflächen in der Richtung etwas abweichen kann, würde man also, wie schon erwähnt, hier mit einer einfachen Werkzeugführung auskommen. Beim späteren Drehen der Gleitflächen muß dann allerdings die Richtung zum Bolzenloch genauestens eingehalten werden. Das verlangt aber durchaus keine Übung und Geschicklichkeit; denn die genaue Richtung wird zwangläufig dadurch bestimmt, daß das Werkstück vom Bolzenloch ausgehend in der Vorrichtung aufgenommen wird. Ist die Spannvor-

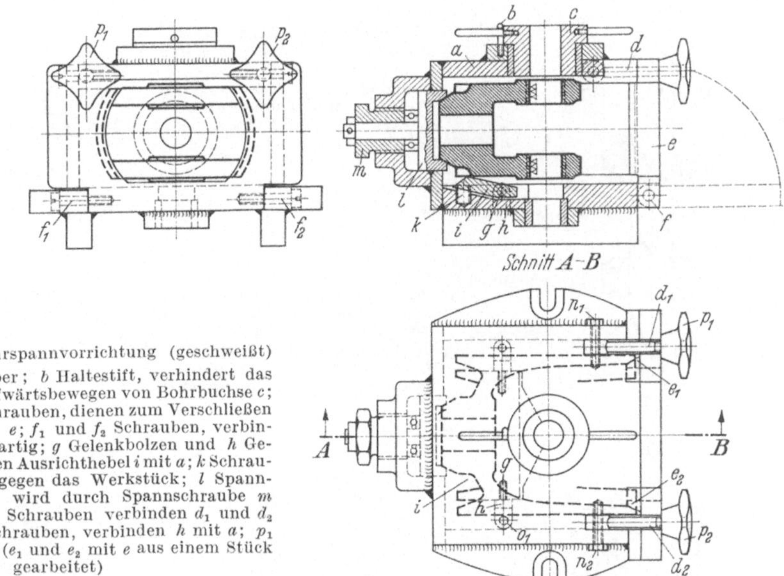

Bild 54. Standbohrspannvorrichtung (geschweißt)
a Vorrichtungskörper; b Haltestift, verhindert das Verdrehen und Aufwärtsbewegen von Bohrbuchse c; d_1 und d_2 Gelenkschrauben, dienen zum Verschließen von Ausmittklappe e; f_1 und f_2 Schrauben, verbinden a mit e gelenkartig; g Gelenkbolzen und h Gelenkwinkel verbinden Ausrichthebel i mit a; k Schraubenfeder, drückt i gegen das Werkstück; l Spannund Ausmittkegel, wird durch Spannschraube m bewegt; n_1 und n_2 Schrauben verbinden d_1 und d_2 mit a; o_1 und o_2 Schrauben, verbinden h mit a; p_1 und p_2 Kreuzgriffe (e_1 und e_2 mit e aus einem Stück gearbeitet)

richtung genauestens hergestellt, so fällt auch die Arbeit ohne Dazutun des Bedienenden einwandfrei aus.

Für das *Bohren des Bolzenloches* ist die Standbohrspannvorrichtung vorgesehen, die in Bild 54 gezeigt wird. Um den Kreuzkopfkörper selbstmittend darin aufspannen zu können, ist er nach Rücksprache mit dem Konstruktionsbüro umgestaltet worden: Das Stangenauge läuft mit einem Außenkegel aus, das andere Ende mit einem Innenkegel. Nachdem die Kreuzgriffe p_1 und p_2 um einige Umdrehungen zurückgedreht worden sind und die durch die Gelenkschrauben f_1 und f_2 an den Vorrichtungskörper a angelenkte Ausmittklappe e aufgeklappt worden ist, wird das Werkstück durch die entsprechenden Gegenkegel l mittels Spannschraube m am Stangenauge und durch die an der Ausmittklappe angearbeiteten, entsprechend abgeschrägten Ausmittknaggen e_1 und e_2 an seinem anderen Ende an seinem Innenkegel gemittet. Die senkrechte Richtung des Bolzenloches wird selbständig in der Vorrichtung durch einen Ausrichthebel i bestimmt, der durch den Gelenkbolzen g und den Gelenkwinkel h mit dem Vorrichtungskörper verbunden ist. Die Schraubenfeder k drückt diesen Ausrichthebel gegen das Werkstück. Die Gelenkschrauben d_1 und d_2, deren Löcher geschlitzt sind, so daß sie zum Öffnen der Ausmittklappe nur nach oben ausgeschwenkt

---

[1] Siehe III. Teil, 6. Aufl., Bild 104.

werden brauchen, sind durch die Schrauben n_1 und n_2 mit dem Vorrichtungskörper verbunden.

Zum Bohren werden die in den Bildern 55 bis 59 gezeigten Bohrbuchsen und Sonderwerkzeuge gebraucht.

Das *Anflächen der Lochwarzen* ist die nächste Arbeitsstufe. Nach dem Bohren werden diese je zwei äußeren und inneren Lochwarzen auf den vier einfachen Standbohrspannvorrichtungen mit einem vierzahnigen Flächenfräser (Bilder 60 bis 63) angeflächt. Die Vorrichtungen sind so eingerichtet, daß das Werkstück, ohne es festzuspannen, nur nacheinander auf die Dorne A_1 bis A_4 aufgesteckt wird.

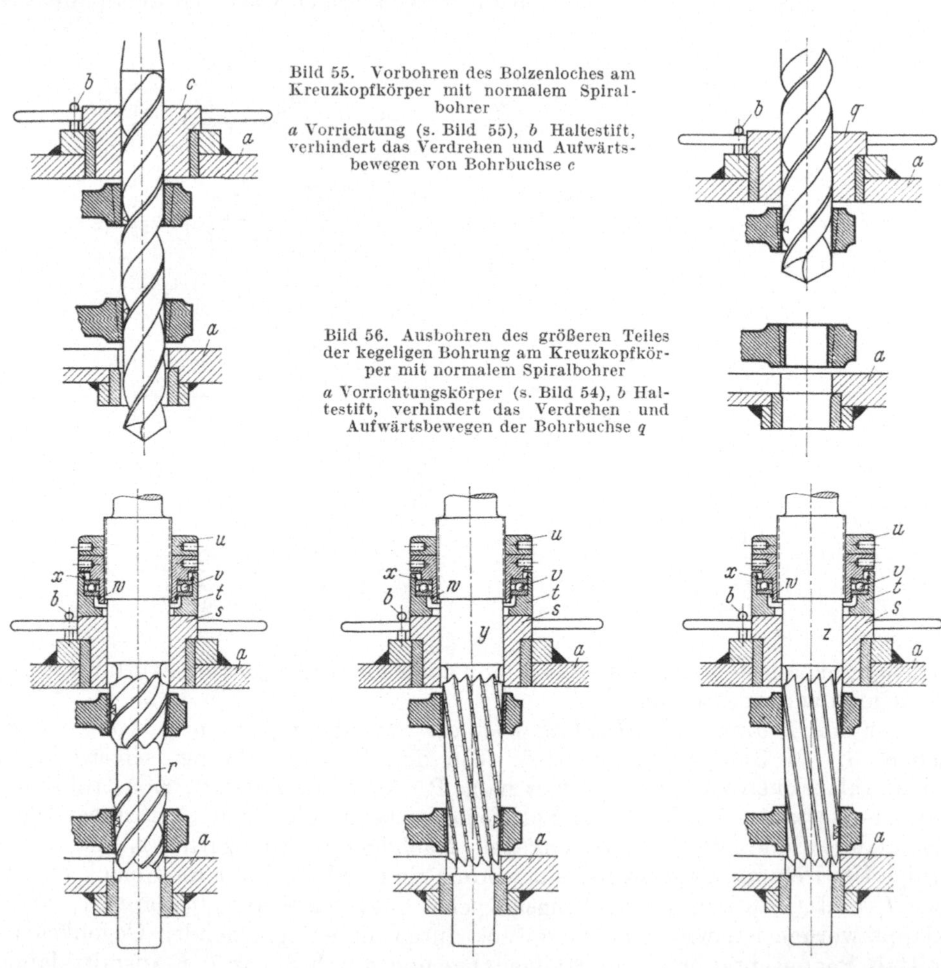

Bild 55. Vorbohren des Bolzenloches am Kreuzkopfkörper mit normalem Spiralbohrer

a Vorrichtung (s. Bild 55), *b* Haltestift, verhindert das Verdrehen und Aufwärtsbewegen von Bohrbuchse *c*

Bild 56. Ausbohren des größeren Teiles der kegeligen Bohrung am Kreuzkopfkörper mit normalem Spiralbohrer

a Vorrichtungskörper (s. Bild 54), *b* Haltestift, verhindert das Verdrehen und Aufwärtsbewegen der Bohrbuchse *q*

Bild 57. Sonderstufensenker zum Aufsenken des Bolzenloches am Kreuzkopfkörper

a Vorrichtungskörper (s. Bild 54), *b* Haltestift, verhindert das Verdrehen und Aufwärtsbewegen der Bohrbuchse *s*, *r* Sonderstufensenker, *t* Anschlag, *u* Gegenmutter, *v* Axialkugellager, *w* und *x* Sicherungsfederdrähte

Bild 58. Sonderreibahle zum Vorreiben des Bolzenloches am Kreuzkopfkörper

a Vorrichtungskörper (s. Bild 54), *b* Haltestift, verhindert das Verdrehen und Aufwärtsbewegen von Bohrbuchse *s*, *t* Anschlag, *u* Gegenmutter, *v* Axialkugellager, *w* und *z* Sicherungsfederdrähte, *y* Sonderschruppreibahle

Bild 59. Sonderreibahle zum Fertigreiben des Bolzenloches am Kreuzkopfkörper

a Vorrichtungskörper (s. Bild 54), *b* Haltestift, verhindert das Verdrehen und Aufwärtsbewegen von Bohrbuchse *s*, *t* Anschlag, *u* Gegenmutter, *v* Axialkugellager, *w* und *x* Sicherungsfederdrähte, *z* Sonderfertigreibahle

Bilder 55···59. Bohrführungen und Sonderwerkzeuge mit Anschlägen zum Einbohren des kegeligen Loches am Kreuzkopfkörper

Ferner sind die Vorrichtungen (Grundplatte G mit drei Befestigungsschrauben H und die Dorne A_1 bis A_4) und Anflächwerkzeuge so gestaltet, daß die Anflächtiefe bei jeder Lochwarze selbsttätig durch die Anschlagbuchse B, die durch die Schrauben E mit dem Flächenfräser F verbunden ist, bestimmt wird. Zu dem Zweck sind die hohl gebohrten Aufnahmedorne A_1 bis A_4, die auch als Führung für den Fräsdorn dienen, jeweils so lang, daß ihre obere Stirnfläche (Anschlagfläche) mit der maßhaltigen Warzenstirnfläche (a, b, c, d) genau fluchtet. Dementsprechend hat der Flächenfräser eine ringförmige Anschlagfläche, die Stirnfläche einer Buchse, die mit seinen Schneidflächen genau eben liegt. Es ist nur darauf zu achten, daß nach jedem Nachschleifen des Flächenfräsers auch die Anschlagfläche nachgerichtet wird, was dadurch geschehen kann, daß zwischen Flächenfräser und Buchsenrand Scheiben aus dünnem Papier oder noch besser Spionblech gelegt werden.

Darauf erfolgt die *Prüfung der kegeligen Bohrung*. Nach dem Anflächen der Lochwarzen muß die Bohrung mit dem Sonder-Kegelkaliberdorn Bild 64 geprüft werden. Dieser Dorn hat einen Anschlagbund, und die Bohrung ist nur dann maßhaltig, wenn der dünn mit Tuschierfarbe eingeriebene Kaliberdorn in der Bohrung satt trägt und der Anschlagbund dicht auf der äußeren Lochwarzen-Stirnfläche des größeren Absatzes der kegeligen Bohrung aufliegt.

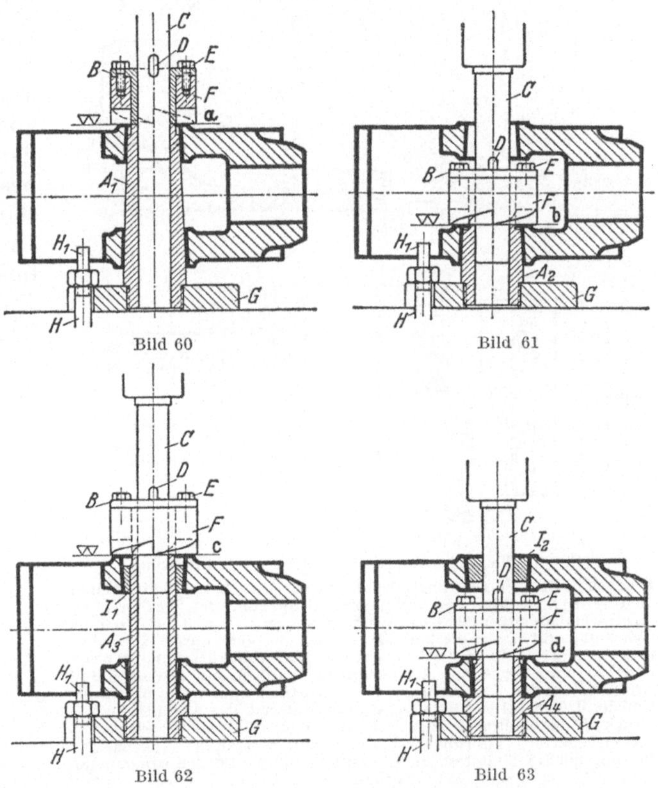

Bild 60 Bild 61 Bild 62 Bild 63

Bilder 60···63. Vier Standbohrspannvorrichtungen zum Anflächen
A_1···A_4 Aufnahmedorne, mit Grundplatten G fest verbunden; B Anschlagbuchsen, durch Schrauben E mit Vierzahn-Flächenfräser F fest verbunden; C Bohrstange, D Mitnehmerkeil, greift in B ein; E Befestigungsschrauben, an jeder Vorrichtung dreifach; H_1 Anschlagzapfen; I_1 und I_2 Führungsbuchsen

Beim *vollständigen Drehen* werden dann mit der Rundbearbeitung-Spannvorrichtung (Bild 65) die Stirnseite der Gleitflächen abgeplant, die Gleitflächen selbst übergedreht, das Stangenauge ausgebohrt und beiderseits angefläcut. Das Werkstück muß auf der Revolverdrehmaschine wieder mittig aufgespannt werden. Das geschieht dadurch, daß es einmal in der Bolzenlochmittelebene durch einen in die Vorrichtung eingeführten Bolzen H bestimmt wird und in der zweiten dazu recht winkligen Mittelebene durch die fertig bearbeiteten Lochwarzen, die von dem maßhaltig und genau mittig gearbeiteten, gabelförmigen Vorrichtungskörper A aufgenommen werden. Diese Ausmittung bezieht sich zunächst nur auf das Mittelstück. Der Bolzen H wird sowohl in der im Werkstück sitzenden gehärteten Führungsbuchse K als auch in den fest im Vorrichtungskörper sitzenden, ebenfalls gehärteten Führungsbuchsen I_1 und I_2 geführt und verbindet so Werkstück mit Vorrichtung. Die Führungsbuchse K sitzt im Werkstück ebenfalls fest. Sie muß nach einem Gegenkaliberring zum Kaliberdorn (Bild 64)

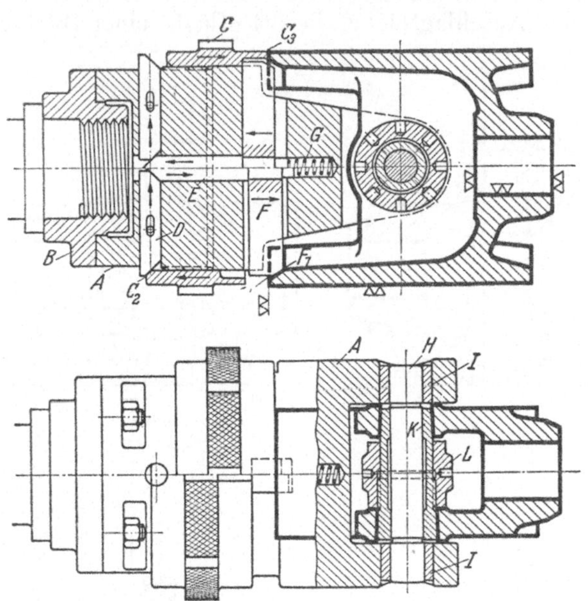

geschliffen sein und vor dem Einspannen in die Vorrichung in das Werkstück eingeführt und durch die Ringmutter L gehalten werden. Die Enden des Kreuzkopfkörpers werden dadurch ausgemittet, daß ein mit dem Stößel E fest verbundenes Ausmittorgan F mit seiner Anschrägung F_1 durch Drehen der Mutter C nach links über die beiden Stößel D_1 und D_2 in den Innenkegel des Werkstückes eingedrückt wird und verhindert, daß der Körper um den Aufnahmebolzen pen-

Bild 65. Fliegende Rundbearbeitung-Spannvorrichtung

A gabelförmiger Vorrichtungskörper, mit der Mitnehmerscheibe B einer Revolverdrehmaschine fest verbunden; C Spannmutter, bei Drehung nach rechts an Stirnfläche des Werkstückes mit C_3 und bei Drehung nach links mit C_2 anliegend; D Stößel, werden durch Linksdrehung der Mutter C in Pfeilrichtung vorgeschoben und drücken ihrerseits Stößel E vor; F Organ zum Ausmitten und Spannen, sitzt fest auf E und wird mit F_1 in die Kegelbohrung des Werkstückes gedrückt; G Schraubenfeder drückt bei Rechtsbewegung der Mutter C das Ausmittorgan F zurück; H Verbindungsbolzen verbindet Werkstück mit Vorrichtung; I zwei gehärtete Führungsbuchsen, sitzen fest in A; K gehärtete Führungsbuchse, sitzt fest im Werkstück und wird durch Ringmutter L gehalten

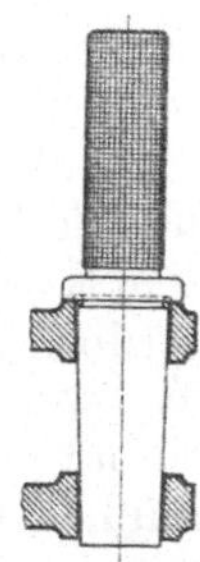

Bild 64. Kegelkaliber für die Bolzenbohrung des Kreuzkopfkörpers

deln kann. Er liegt damit für die Bearbeitung der Stirnfläche bei C_2 fest. Nach dem Andrehen dieser Stirnfläche wird das Ausmittorgan F durch Drehung der Spannmutter C nach rechts entlastet, und durch weiteres Drehen nach rechts wird der Rand der Spannmutter gegen die eben bearbeitete Stirnfläche gedrückt. Damit wird das Werkstück für die weitere Bearbeitung unabänderlich festgelegt. In dieser Aufspannung werden Gleitflächen und Stangenauge gedreht. Die Schraubenfeder G drückt bei Rechtsdrehung der Mutter das Ausmittorgan wieder zurück.

L. Herstellung von Motorkolben

Dieses Bearbeitungsbeispiel ist gewählt worden, weil Motorkolben in ihren verschiedenen, aber immer ähnlichen Ausführungsformen zu den am meisten vorkommenden Werkstücken zählen. Dem Bearbeitungsbeispiel liegt ein sehr weitgehend unterteilter Arbeitsplan zugrunde. Diese besonders weitgehende Unterteilung wird bedingt teils durch die Eigenart des Werkstückes selbst, teils durch den hohen Genauigkeitsgrad. Sie ergibt sich aber außerdem aus der Tatsache, daß, wenn der Kolben nach dem Schruppen auf der Revolverdrehmaschine seine Gußhaut verloren hat, ziemliche Spannungen in ihm frei geworden sind, die ihn nach dem Abspannen mehr oder weniger unrund ziehen. Da während der weiteren Bearbeitung noch mehr Spannungen frei werden können, muß er nach dem Schruppen spannungsfrei geglüht werden, und weil die nach dem Schruppen und dem Zwischenglühen sich ergebenden Veränderungen so groß werden können, daß man den Kolben beim ersten Drehen nicht gleich auf Schleifmaß bearbeiten, dann zwischenglühen und darauf schleifen kann, weil dafür die Schleifzugabe viel zu groß sein müßte, so daß es viel zu lange dauern und unwirtschaftlich werden würde, ist ein zweimaliges Drehen vor dem Schleifen erforderlich.

So beginnt man mit dem *Vordrehen (Vorschruppen)*. Gußteile sollen in der Regel mit Bezug auf die rohbleibende Oberfläche ausgemittet bzw. bestimmt werden, damit bei etwaigen Kernverlagerungen die Ungleichheiten in den Wandstärken durch die Bearbeitung wieder ausgeglichen werden. Das ist aber nicht immer ganz einfach, und der Vorrichtungskonstrukteur hat oft große Schwierigkeiten zu überwinden. Bei den Kolben trifft es auch zu, denn einerseits kommen bei diesen Werkstücken Kernverlagerungen sehr oft vor (Bild 66), andererseits verhindern aber die Lochwarzen, den Kolben am Bodenende mechanisch genügend genau nach den Innenwänden zu mitten. Es läßt sich nämlich konstruktiv nicht gut durchführen, die mittenden Teile sachgemäß unter annähernd gleichen Winkeln gegeneinander auf die

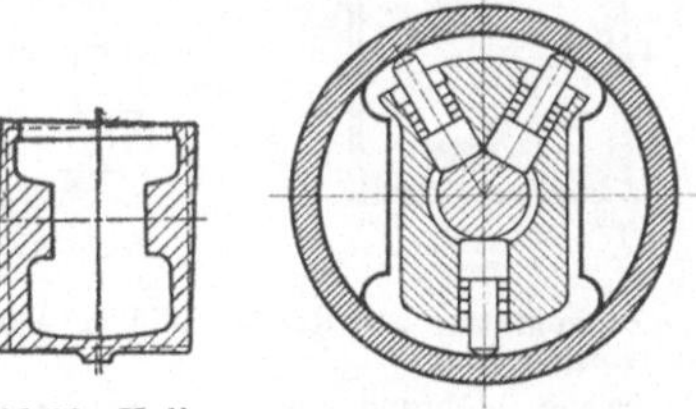

Bild 66. Kolben mit verlagertem Kern

Bild 67. Schlecht ausgemitteter Kolben

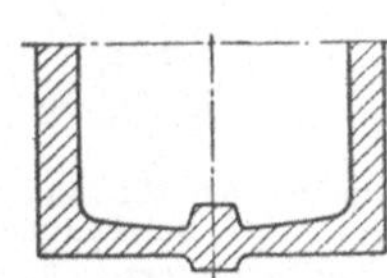

Bild 68. Kolbenboden mit Hilfskegel zum Ausmitten

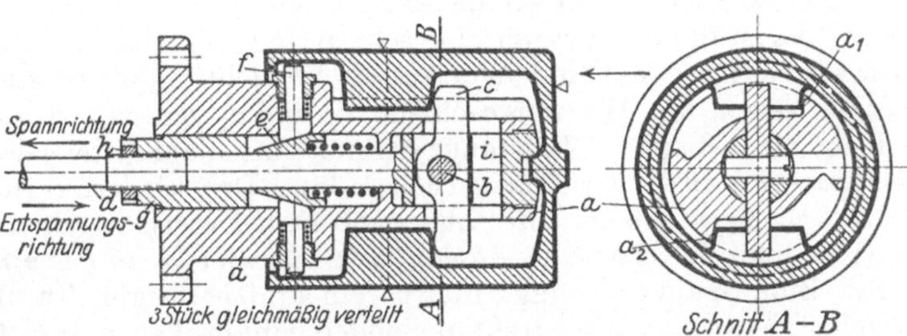

Bild 69. Fliegende preßluftbetätigte Rundbearbeitung-Spannvorrichtung
a Vorrichtungskörper, nimmt bei a_1 und a_2 durch Anschlag an den Bolzenlochaugen den Kolben mit; c Druckverteiler, an Zugstange d durch Bolzen b angelenkt; e Ausmittkegel, wirkt auf drei Bolzen $f_1 \cdots f_3$ ein; g Anschlagmutter, sitzt fest auf Zugstange d und schiebt bei deren Entspannungsbewegung den Kegel e zurück; h Gegenmutter; i Ausmittkegel, sitzt fest in a

Innenwände wirken zu lassen; sie können nur etwa wie in Bild 67 angeordnet werden. Derartige Vorrichtungen können aber nicht voll befriedigen, und man hat daher vielfach die Kolben für das Vordrehen handwerksmäßig ohne Vorrichtung ausgerichtet. Im nachfolgenden wird für die erste Aufspannung ein Weg gezeigt, wodurch die Schwierigkeiten beim Mitten behoben werden. Zu diesem Zweck wird am Kolbenboden ein mittender Kegel angegossen (Bild 68). Bedingung ist dabei, das der Modellkasten so hergestellt wird, daß eine Verlagerung des Kegels zum Kern selbst bei dessen Herstellung ausgeschlossen ist. Bild 69 zeigt die Rundbearbeitung-Spannvorrichtung für das Verdrehen, wobei der Kegel als mittendes Hilfsmittel verwendet wird. Der Kolben wird am Boden mit dem Hilfskegel in einen Innenkegel der Vorrichtung hineingedrückt und am offenen

Ende durch drei um 120° zueinander versetzte Bolzen f_1 bis f_3 am inneren Kolbenboden mit dem fest am Vorrichtungskörper a sitzenden Ausmittinnenkegel i gemittet. Diese Bolzen (Stößel) sitzen auf einem gemeinsamen Ausmittkegel e, bei dessen achsrechter Verschiebung sie gleichmäßig auf die Kolbenwände drücken. Damit der Kolben dabei nicht verspannt werden kann, wird der Kegel e durch den Druck einer Feder vorgeschoben. Das Angießen des mittenden Kegels am inneren Kolbenboden muß selbstverständlich vorher mit dem Konstruktionsbüro vereinbart werden, damit es auf der Konstruktionszeichnung entsprechend berücksichtigt werden kann.

Festgespannt wird der Kolben mit dem durch Bolzen b an der Spannstange angelenkten Druckverteiler c, der sich gegen die Lochwarzen legt, und der Zugstange d durch Preßluftkolben am anderen Ende der Drehbankspindel (s. Bild 33). Das Drehmoment wird, wie bei einer Klauenkupplung, dadurch übertragen, daß

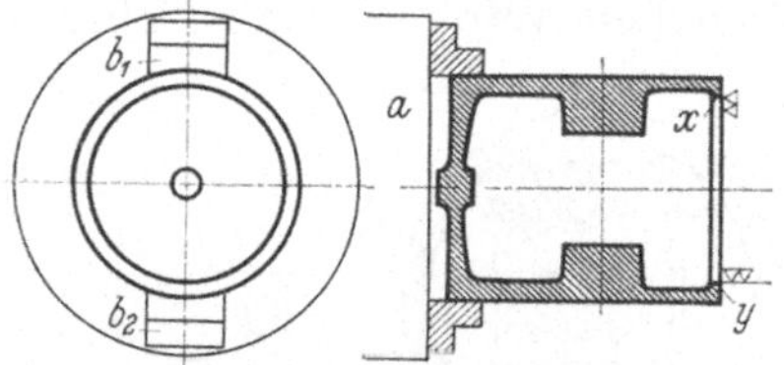

Bild 70. Kraftbetätigtes Zweibackenfutter als Rundbearbeitung-Spannvorrichtung

a Zweibackenfutter, b_1 und b_2 weiche, halbrund ausgedrehte Sonderspannbacken, x auf Paßmaß H 7 auszudrehende Leiste und y abzuplanende Stirnfläche am Kolben

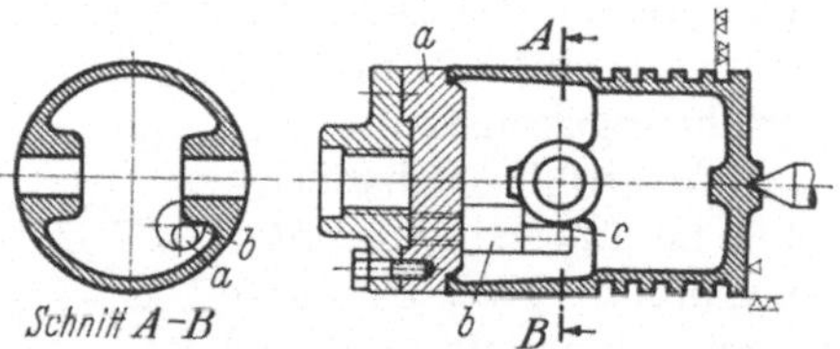

Bild 71. Ausmittscheibe als Rundbearbeitung-Spannvorrichtung

a Ausmittscheibe, b Mitnehmerstift, legt sich bei c gegen Bolzenauge

sich die Lochwarzen in entsprechende Aussparungen des Vorrichtungskörpers legen. Es ist daher auch nur eine sehr geringe Spannkraft erforderlich. Der Kolben wird aufgespannt, indem er auf die Vorrichtung hinaufgeschoben und rechtsherum gegen die Warzenanschläge a_1 und a_2 gedreht wird. Beim Entspannen schiebt die fest auf der Zugstange sitzende Anschlagmutter g den Ausmittkegel e so weit zurück, daß die drei Ausmittbolzen durch Druckfedern zurückgedrückt werden.

Als nächste Arbeitsstufe folgt nach dem Zwischenglühen das *Ausdrehen der unteren inneren Leiste und Abplanen der Stirnfläche an der offenen Seite des Kolbens*. Zum Spannen genügt hierfür ein kraftbetätigtes Zweibackenfutter a mit weichen, halbrund ausgedrehten Sonderspannbacken b_1 und b_2, wie es in Bild 70 dargestellt ist, weil der Kolben dabei am Boden gespannt wird und daher nicht verspannt werden kann. Da die Mantelfläche noch mit 1,5 mm Schnittzugabe vorgedreht ist, spielen auch leichte, durch das Spannen mit den Backen möglicherweise entstehende Druckstellen keine Rolle. Die Backen müssen auf den kleinsten beim Vordrehen der Kolben an diesen entstandenen Durchmesser ausgedreht sein.

Die Leiste x muß auf die Passung H 7 ausgedreht werden, weil sie für nachfolgende Arbeitsstufen zum Mitten gebraucht wird. Die Stirnfläche y, die dabei als Anlagefläche gebraucht wird, muß sauber geschlichtet werden.

Hierauf folgt das *Anbohren des Körners*. Hierzu kann das gleiche kraftbetätigte Zweibackenfutter a wie in der vorhergehenden Arbeitsstufe (Bild 70) mit den gleichen Sonderspannbacken b_1 und b_2 benutzt werden. Nur muß hier zur Vermeidung von Verformungen des Kolbens noch die gleiche, mit den Abdrückschrauben d_1 bis d_4 versehene Scheibe c wie in Bild 81 in den Kolben gesetzt werden. Es kann sein, daß man bei Reihenfertigung an einer ganzen Reihe Kolben die untere Öffnung ausdrehen und die Stirnfläche abplanen kann und dann bei aufgespannt bleibender Vorrichtung den Körner anbohrt oder aber auch bei Massenfertigung mit zwei Vorrichtungen an zwei Maschinen arbeiten muß.

Der Körner muß zunächst auf 4 mm Durchmesser und 4 mm Tiefe mit einem Spiralbohrer vorgebohrt werden, damit beim Anbohren des Körners mit einem Spitzsenker von 60° dessen Spitze im vorgebohrten Loch freigeht.

Für das *Fertigdrehen zum Schleifen* ist die sehr einfache Rundbearbeitung-Spannvorrichtung (Bild 71) erdacht. Sie besteht nur aus der Ausmittscheibe *a* und dem Mitnehmerstift *b*, der sich bei *c* am Bolzenauge anlegt und den Kolben beim Drehen mitnimmt. Da sämtliche Kolbenringnuten in der üblichen Weise mit einem Vielstahlhalter fertiggedreht werden, so tritt ein größeres Drehmoment auf, das durch diesen Mitnehmerstift auf das Kolbeninnere übertragen wird. Die Mantelfläche ist in dieser Arbeitsstufe bis auf eine Schleifzugabe von 0,3 bis 0,4 mm auf den Durchmesser zu schlichten. Die äußere Bodenfläche ist nur insoweit nachzudrehen, als beim Ausmessen der Länge noch eine Zugabe vorhanden ist. Für die Messung der Nutenbreiten sind die im Bild 72 gezeigten gehärteten Son-

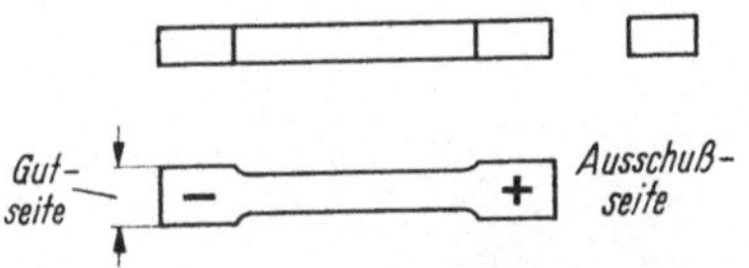

Bild 72. Gehärtete und geschliffene Sonderlehren für Kolbenringnuten

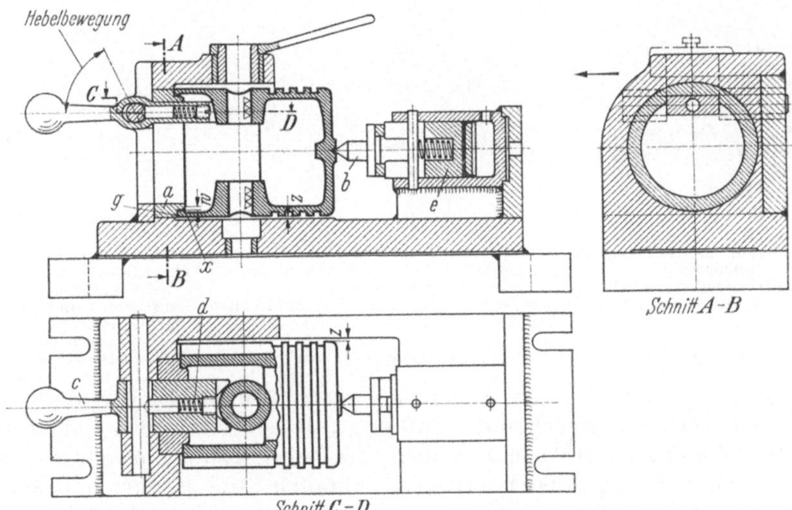

Bild 73. Standbohrspannvorrichtung mit doppelter Werkzeugführung

a Ausmittbuchse; *b* Körnerspitze durch Preßluftkolben *e* spannend; *c* Hebel mit Prisma zum Richtungbestimmen der Bolzenlochaugen, wird durch Druckfeder *d* gegen das Werkstückauge gedrückt; *w* Fase an *a*, muß etwas größer als Zwischenraum *z* sein; *x* auf Paßmaß ausgedrehte Leiste und *g* abgeplante Stirnfläche am Kolben

derlehren zu benutzen. Meistens haben die oberen zwei Ringnuten eine etwas größere Breite als die unteren, weil die oberen Kolbenringe im Betrieb leichter festbrennen, so daß zwei Sätze Nutenlehren erforderlich sind.

Für das *Prüfen auf Maßhaltigkeit* der Kolbenringnuten muß ein zweiter Satz der auf Bild 72 gezeigten Nutenlehren zur Verfügung stehen.

Das *Bohren des Bolzenloches* sowie das Senken und Reiben müssen außerordentlich genau ausgeführt werden. Hauptsächlich muß das Bolzenloch genau rechtwinklig zur Längsachse liegen. Es ist daher eine Standbohrspannvorrichtung mit doppelter Werkzeugführung vorgesehen (Bild 73). Der Kolben wird hierbei ebenso wie beim Fertigdrehen eingespannt, also an der offenen Seite in der

Leiste x an der Ausmittbuchse a gemittet und mit dem mit einer Körnerspitze b versehenen Preßluftkolben e gegen die Stirnfläche g gespannt. Damit die Löcher auf Mitte Warzen kommen muß die Richtung der Lochwarzen in der Vorrichtung bestimmt werden. Das dazu vorgesehene Organ c (ein Hebel mit Prisma) ist so angeordnet, daß es beim Ein- und Ausspannen fortgeschwenkt werden kann, damit es nicht hinderlich ist. Von Bedeutung bei dieser Vorrichtung ist auch, daß das Kolbeninnere durch einen Durchbruch eingesehen werden kann.

Die beiden Bolzenlöcher des Kolbens sind meistens 1 bis 2 mm unterschiedlich im Durchmesser, weil der Bolzen sonst, wenn er in seiner ganzen Länge gleich

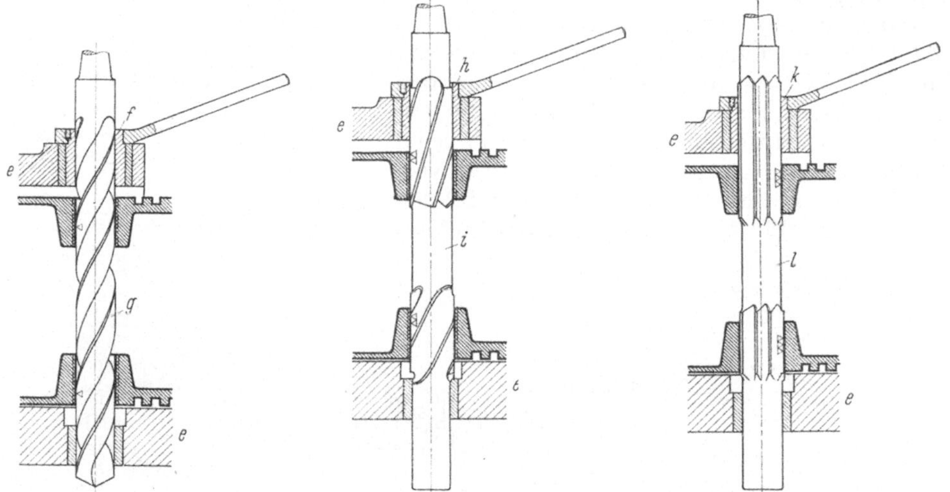

Bild 74. Vorbohren des Kolbenbolzenloches
e Bohrspannvorrichtung (s. Bild 73),
f Steckbohrbuchse, g normaler Spiralbohrer

Bild 75. Sonderstufensenker mit Führungszapfen zum Aufsenken des Kolbenbolzenloches
e Bohrspannvorrichtung (s. Bild 73),
h Steckbohrbuchse, i Sonderstufensenker

Bild 76. Sonderstufenreibahle mit
Führungszapfen zum Fertigreiben
des Kolbenbolzenloches
e Bohrspannvorrichtung(s. Bild 73),
k Steckbohrbuchse, t Sonderstufen-
reibahle

Bild 74···76. Bohrführungen und Sonderwerkzeuge zum Bohren des Kolbenbolzenloches

stark wäre, an der Seite, von woher er eingetrieben bzw. eingepreßt wird, die Bohrung so sehr aufweiten könnte, daß er an dieser Seite nicht mehr fest genug in der Bohrung säße. Mit Ausnahme des Spiralbohrers zum Vorbohren sind wegen der doppelten Führung Sonderwerkzeuge, nämlich Stufensenker und Stufenreib-ahle mit Führungszapfen, anzufertigen bzw. zu beschaffen. Zunächst muß aber das Bolzenloch, falls es nicht schon vorgegossen ist, mit einem Spiralbohrer vor-gebohrt werden, dessen Durchmesser 2 mm kleiner sein sollte als der des kleinen Loches (Bild 74). Trotz der langen Führung wird sich der Bohrer, da er in die-sem Falle nur einfache Führung hat, unter Umständen etwas verlaufen können, was aber bedeutungslos ist, da der nachfolgend zu benutzende Stufensenker dop-pelt geführt wird und das untere Loch wieder fluchtend zum oberen aufsenken wird. Dieser Stufensenker Bild 75 bohrt beide Lochabsätze bis auf 0,30 mm Zu-gabe im Durchmesser auf. Mit der Stufenreibahle (Bild 76) werden dann beide Lochabsätze auf ihr Soll-Paßmaß aufgerieben.

Das *Anflächen der Lochwarzen* wird in der Regel auch auf der Bohrmaschine vorgenommen, und zwar gleich nach dem Bohren der Löcher in derselben Auf-spannung. Das ist aber sehr umständlich und zeitraubend; auch ist man auf einen eingearbeiteten und geübten Facharbeiter angewiesen. Außerordentlich leicht, schnell und genau läßt sich dagegen diese Arbeit auf der Fräsmaschine ausführen.

Es sind jedoch dafür zwei Vorrichtungen erforderlich, eine Fräs- und eine Spann-vorrichtung. Die Fräsvorrichtung (Bild 77) gehört zur Gruppe der werkzeugtra-genden Arbeitsvorrichtungen[1] für umlaufende Werkzeuge. Der Vorrichtungskör-per ist zweiteilig und besteht aus dem Oberteil a und dem Unterteil h und ist am Fräsmaschinenausleger b einer Horizontal-fräsmaschine befestigt. Der Antrieb des Fräserpaares erfolgt von der verlängerten Frässpindel d aus, auf der das Stirnrad c festsitzt, und über die auf den Laufachsen aufgekeilten Stirnräder e und f. Die Einbringung dieser Laufteile bedingt die Teilung des Vorrichtungskörpers. Der Vor-schub erfolgt durch die Längsbewegung des Fräsmaschinentisches, d. h. daß der Kolben in Längsrichtung mit seinen Lochwarzen an den sich drehenden Scheibenfräsern vorbei-geschoben wird.

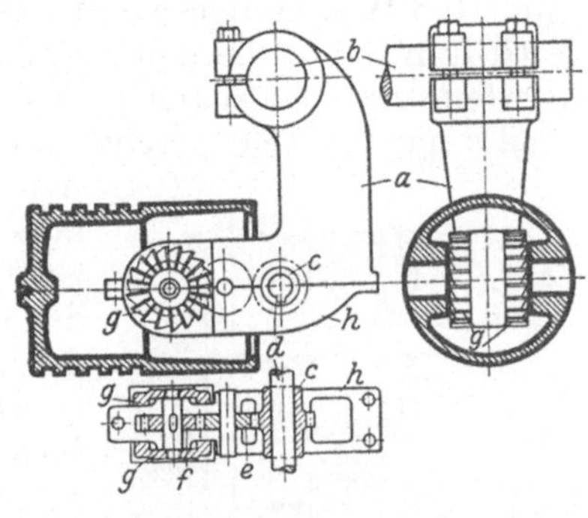

Bild 77. Fräsvorrichtung (werkzeugtragende Ar-beitsvorrichtung)

a Vorrichtungskörper, wird auf Fräsmaschinenaus-leger b befestigt; c Stirnrad, sitzt fest auf ver-längerter Frässpindel d und treibt über die Stirn-räder e und f das Fräserpaar g an; h Unterteil

Die geschweißte, schwenkbare Mehr-spannvorrichtung für Langbearbeitung (Bild 78) nimmt den Kolben zum Anflächen der Lochwarzen mit den mit mehrgängigem Rechts- und Linksge-winde versehenen Auf-nahmebolzen e_1 und e_2 auf, indem diese durch die schwenkbare Ga-belgriffmutter f in die Kolbenbolzenlöcher hineingeschoben wer-den. Hierdurch wird auch die Lochrichtung bestimmt. Gespannt und in seiner Längs-richtung bestimmt wird der Kolben durch das mittels Bolzen b am schwenkbaren Teil c des Vorrichtungskör-pers angelenkte Aus-mitt- und Spannpris-ma a, das durch die Griffmutter d angeho-ben und gegen den Kolben gedrückt wird,

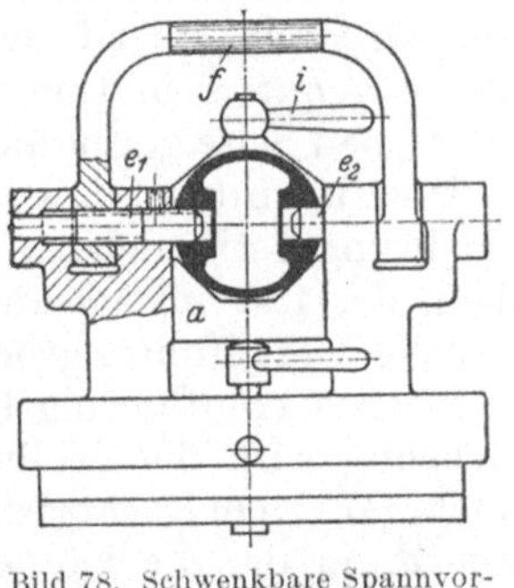

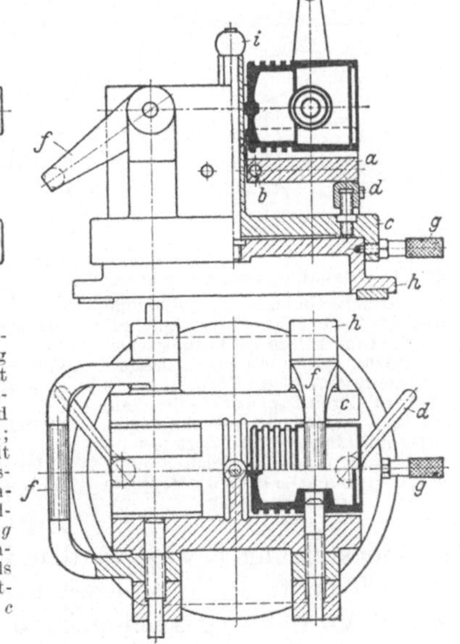

Bild 78. Schwenkbare Spannvor-richtung für Langbearbeitung. a Ausmitt- und Spannprisma, ist bei b am schwenkbaren Vorrich-tungskörper c angelenkt und wird durch Griffmutter d angehoben; e_1 und e_2 Aufnahmebolzen mit mehrgängigem Rechts- und Links-gewinde, bestimmen die Loch-richtung des Kolbens; f Gabel-griffmutter, bewegt e_1 und e_2; g Zugfeststeller, dient zum Schwen-ken und Feststellen des Oberteils c auf dem Unterteil h; i Griffmut-ter dient zum Festspannen von c mit h

der sich hierbei nicht verspannen kann, da der Spanndruck über die Lochwarzen des Kolbens von den Aufnahmebolzen e_1 und e_2 aufgenommen wird. Natürlich könnte man statt der Griffmutter d zum Anheben und Spannen des Ausmitt- und Spannprismas auch einen kleinen Preßluftzylinder[2] vorsehen. Doch lohnt sich das

---

[1] Siehe I. Teil, 9. Aufl., Tabelle 1.
[2] Siehe I. Teil, 9. Aufl., Bilder 72 und 73.

kaum, da die Handhabung der Griffmutter kaum mehr Zeit beansprucht als die Betätigung eines Preßlufthahnes.

Während an einem Kolben die Lochwarzen angeflächt werden, kann auf der gegenüberliegenden Seite der Vorrichtung bereits ein neuer Kolben in der geschilderten Weise aufgespannt werden, so daß nach Fertigstellung des ersten nur die Griffmutter i, die den schwenkbaren Oberteil c der Vorrichtung mit ihrem Unterteil zusammenspannt, gelöst und nach dem Herausziehen des Zugfeststellers g Teil c nur um 180° geschwenkt werden braucht, um den nächsten Kolben in Arbeitsstellung zu bringen. Nach dem Wiedereinrasten des Zugfeststellers und dem Anziehen der Griffmutter i kann dann sofort mit dem Anflächen der Lochwarzen am nächsten Kolben begonnen werden usw.

Daran anschließend hat das *Bohren der Schraubenlöcher für die Kolbenbolzensicherung* zu erfolgen. Wenn diese Schraubenlöcher auch nur eine untergeordnete Bedeutung haben, so ist es wegen der Austauschfähigkeit doch unbedingt erforderlich, daß sie ebenfalls genau hergestellt werden. Es ist dafür die Standbohrspannvorrichtung (Bild 79) vorgesehen, in der der Kolben, wie schon für das Anbohren des Körners, das Fertigdrehen und zum Bohren des Bolzenloches mit seiner Innenleiste an der Ausmittscheibe c gemittet und mit seiner Stirnfläche an seiner offenen Seite gegen die Vorrichtung gespannt wird. Hierzu wird er mit seiner Bolzenbohrung auf den richtungbestimmenden Aufnahmedorn a geschoben, der fest im achsrecht in der Vorrichtung bewegliche Geradführungsbolzen b sitzt. Zugleich mit diesem Geradführungsbolzen und gegen die Vorrichtung wird der Kolben gespannt durch die mit mehrgängigem Rechtsgewinde versehene Spannmutter d, in der die Körnerspitze e sitzt. Durch die mit mehrgängigem Rechts- und Linksgewinde versehene Zweiselschraube h, deren mit Rechtsgewinde versehener Zapfen sich in der Spannmutter d und deren mit Linksgewinde versehener Zapfen sich in der fest in der Vorrichtung sitzenden Mutter g dreht, kann die Spannmutter um die doppelte

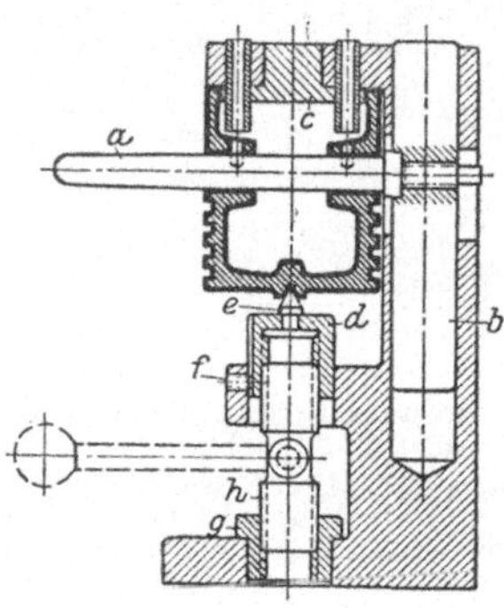

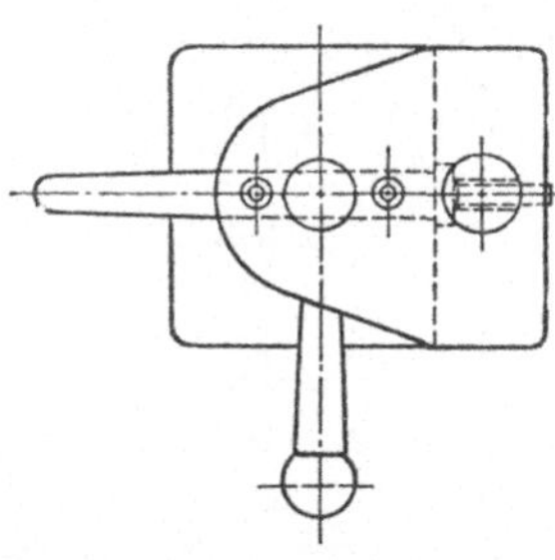

Bild 79. Standbohrspannvorrichtung
a richtungbestimmender Aufnahmedorn, sitzt fest in achsrechtbeweglichem Geradführungsbolzen b; c Ausmittscheibe; d Spannmutter mit mehrgängigem Rechtsgewinde, trägt Körnerspitze e und wird durch Zapfenschraube f am Mitdrehen gehindert; g mehrgängige Mutter mit Linksgewinde, sitzt fest im Vorrichtungskörper; h Zwieselschraube, bewegt Spannmutter d um die doppelte Gewindesteigung

Gewindesteigung bewegt werden. Hier könnte bei Massenfertigung anstelle dieser Spannelemente der oben erwähnte Preßluftzylinder[1] schon eher von Nutzen sein und die Vorrichtung auch nicht so sehr verteuern wie in der vorhergehenden Arbeitsstufe. Das Gewindeschneiden wird in dieser Arbeitsstufe noch nicht mit vorgenommen, nicht nur, weil sonst Steckbohrbuchsen erforderlich wären, sondern vielmehr, weil bei dem in der Vorrichtung eingespannten Kolben die Entfernung zu groß wäre. Beim nachträglichen Gewindeschneiden wird keine besondere Vorrichtung benötigt.

Die Aufspannung des Kolbens zum *Schleifen der Mantelfläche* wird in Bild 80 gezeigt. Hierzu ist nur eine umlaufende Ausmittscheibe erforderlich, die einen fest in ihr sitzenden, gehärteten Körnerpfropfen a enthält, und auf die eine Überwurfmutter b geschraubt ist, die Körner und Radialkugellager zusammenhält und ersteren gegen den Körnerpfropfen drückt.

Zuletzt ist das *äußere Körnerauge zu entfernen.* Hierfür ist das in Bild 81 gezeigte kraftbetätigte Zweibackenfutter a mit weichen halbrund ausgedrehten Spannbacken gut zu verwenden. Dieses Futter gleicht dem in Bild 70 gezeigten, jedoch müssen andere, im Durchmesser um 3 mm kleiner ausgedrehte Sonderspannbacken c_1 und c_2 benutzt werden, weil der ursprünglich mit 1,5 mm Schnittzugabe vorgeschruppte Kolben inzwischen fertiggedreht und geschliffen wurde. Außerdem muß in die auf Paßmaß gedrehte Innenleiste x eine Scheibe c ziemlich stramm eingepaßt sein (Bild 81), damit das in diesem Bereich einer schwachen Wandstärke

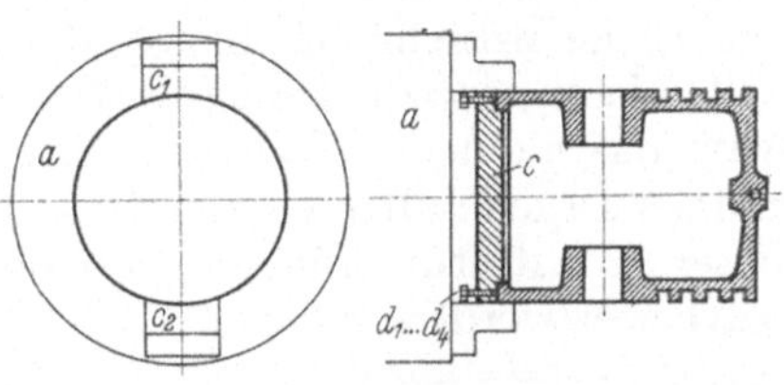

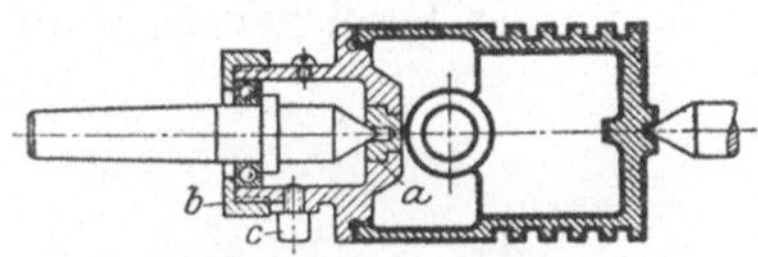

Bild 80. Umlaufende Ausmittscheibe für Schleifmaschine
a festsitzender Körnerpfropfen; *b* Überwurfmutter, hält Körner und Radialkugellager zusammen; *c* Mitnehmerstift, wird von Spitzenschleifmaschine mitgenommen

Bild 81. Kraftbetätigtes Zweibackenfutter als Rundbearbeitung-Spannvorrichtung
a Zweibackenfutter; c_1 und c_2 weiche halbrund ausgedrehte, hohe Sonderspannbacken; *c* Scheibe in Kolben zur Vermeidung von Verformungen stramm eingesetzt; $d_1 \cdots d_4$ vier gleichmäßig am Umfang verteilte Abdrückschrauben

vorgesehene Spannen mit den zwei Spannbacken den Kolben nicht unrund ziehen kann. Diese Scheibe kann nach dem Entfernen des Körnerauges mit den Abdrückschrauben d_1 bis d_4 wieder leicht aus dem Kolben herausgedrückt werden.

Es gibt zwei weitere Wege für die wirtschaftliche Bearbeitung von Motorkolben für die beiden ersten mechanischen Arbeitsstufen:

a) Zunächst wird ein sehr einfaches Verfahren zum Schruppen der Kolben auf einer Spitzendrehmaschine gezeigt, an denen in einer Vorstufe auf einer Bohrmaschine der Körner so angebohrt wird, wie es in der gleichen Arbeitsstufe der vorstehend beschriebenen vollständigen Bearbeitung von Kolben erläutert wurde. Bild 82 zeigt die Bohrspannvorrichtung dafür. Der Kolben wird hier auf dem

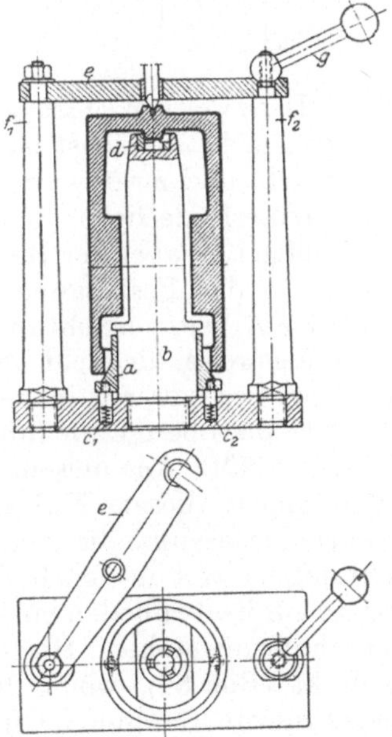

Bild 82. Standbohrspannvorrichtung zum mittigen Anbohren des Körners am Kolben
a Ausmittkegel, wird auf dem Aufnahmedorn *b* durch die Federn c_1 und c_2 aufwärts gedrückt; *d* Gegenkegel, sitzt fest in *b*; *e* Bohrbuchsenträger, wird um Säule *f* geschwenkt und durch Kugelgriffmutter *g* in der Arbeitsstellung auf Säule f_2 festgelegt

durch die Federn c_1 und c_2 abgefangenen und auf dem Aufnahmedorn b führenden, achsrecht beweglichen Ausmittkegel a einerseits und an dem am Kolbenboden liegenden Innenkegel durch den im Aufnahmedorn sitzenden gehärteten Gegenkegel d andererseits gemittet. Der Bohrbuchsenträger e ist um die fest in der Grundplatte der Vorrichtung sitzende Säule f_1 schwenkbar angeordnet, so daß der Kolbenkörper leicht und schnell über den Ausmittkegel der Vorrichtung gesetzt und gemittet werden kann. Nach dem Wiedereinschwenken des Bohrbuchsenträgers e wird dieser durch die auf der ebenfalls fest mit der Grundplatte verbundene Säule f_2 sitzende Kugelgriffmutter g festgespannt. Es muß noch bemerkt werden, daß die Federn c_1 und c_2 nicht zu stark sein dürfen, damit der Kolben durch sein Eigengewicht an dem Ausmittkegel noch fest aufliegt.

Der Kolben wird wie in Bild 83 durch ein preßluftbetätigtes Dreibackenfutter mit Sonderbacken und durch die Drehbankspitze aufgespannt und mittig zum Innenraum vorgeschruppt. Da die Backen wegen der Verspannungsgefahr nur sehr mäßig angezogen werden können, so ist noch ein besonderer Mitnehmer vorgesehen, dessen Wirkungsweise beachtenswert ist. Auf dem abgeflachten Ende a_1 des in dem Dreibackenfutter befestigten Dornes a sitzt beweglich der eigentliche Mitnehmerkolben b, der sich selbsttätig so auf die Warzenflächen einstellen kann, daß die beiden Ecken b_1 und b_2 unter gleichmäßigem Druck anliegen. Wäre das nicht der Fall, so würde bei dem großen Drehmoment ein einseitiger radialer Druck auftreten, der die Dreharbeit ungünstig beeinflussen könnte. Nach dieser Arbeitsstufe können die Kolben dann, wie vorher beschrieben, weiterbearbeitet werden.

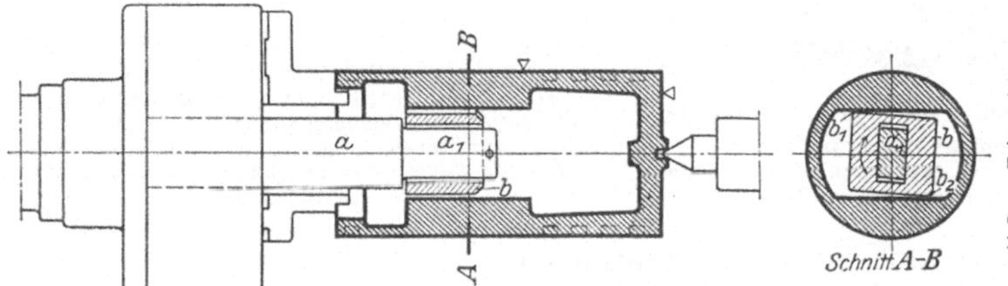

Bild 83. Preßluftbetätigtes Dreibackenfutter als Ausmittfutter mit Sonderspannbacken und Mitnehmer

a Mitnehmerdorn, b Mitnehmerkloben, sitzt beweglich auf a_1

b) Der zweite Weg ist besonders für die Bearbeitung auf Revolverdrehmaschinen geeignet. Zunächst ist auch hierbei eine Vorstufe auf der Bohrmaschine erforderlich, und zwar wird die Kolbenöffnung mittig ausgedreht und abgeplant. Die dazu erforderlichen Vorrichtungen sind nicht ganz einfach. Um so einfacher und billiger ist aber der Bearbeitungsvorgang selbst. Die Bilder 84 und 85 zeigen einen für das Festspannen der Kolben hergerichteten Maschinenschraubstock und eine Arbeitsvorrichtung mit Einrichtung zum Mitten in Arbeitsstellung. Die Wirkungsweise, die nicht ohne weiteres verständlich sein dürfte, ist folgende: Der Kolben wird vorerst in den Schraubstockbacken ganz leicht eingeklemmt, so daß sich das obere Ende infolge der Kugelform der Backen noch nach allen Seiten bewegen läßt. Aus diesem Grunde ist ein Maschinenschraubstock mit Preßluftspannung in diesem Fall auch nicht angebracht. Sodann wird an einer Senkrechtbohrmaschine die Arbeitsvorrichtung in der auf dem Bild 85 gezeigten Einstellung so weit in den Kolben eingeführt, daß sich der Kegel k auf der Kegelwarze am Kolbenboden mittet und die drei Stößel m_1 bis m_3 unterhalb der Kolbeneinschnürung stehen. Hierauf wird der Handhebel s_1 um 180° herum nach unten gedreht (Bild 84), wodurch der unter Druck der Feder i stehende Kegel l freigegeben wird, der nun die drei Stößel m_1 bis m_3 auseinanderdrückt und den Kolben an diesem Ende mittet. In dieser Lage wird der Kolben in dem Schraubstock richtig festgespannt und durch die Drehmeißel x und y eingesenkt bzw. vorgeplant. Die Einsenkung muß mit 0,5 mm Spanzugabe auf Paßmaß ausgedreht werden, weil sie in der darauffolgenden Arbeitsstufe zum Ausmitten gebraucht wird (Bild 86). In Achsenrichtung hat das Werkzeug Spiel, das durch die Schrauben q_1 und q_2 begrenzt ist. Nach beendeter Arbeit wird das Werkzeug, soweit es die Schrauben gestatten, angehoben. Die die Stellwelle s tragende Buchse r bleibt dabei in ihrer Höhenlage unverändert, da sie lose auf dem Dorn sitzt, und wird nun in der tiefsten Stellung zum Dorn auf diesem durch die Griffschraube *t* festgesetzt. Durch Aufwärtsschwenken des Hebels s_1 wird der Kegel *l* durch den Stößel *u* abwärts gedrückt: die mittenden Stößel m_1 bis m_3 treten zurück, und die Vorrichtung kann wieder aus dem Kolben entfernt werden.

Der so vorbereitete Kolben wird nun mittig und fliegend auf der Vorrichtung (Bild 86) zum Schruppen aufgespannt. Die Kolbenbolzenlöcher müssen jedoch entweder vorgegossen oder vorgebohrt sein. Das Achsenspannfutter sitzt fest aufgeschraubt auf der Arbeitsspindel der Revolverdrehmaschine und trägt die gehärteten Ausmittringe *b* und *c*, wovon *c* entsprechend der in der vorhergehenden Arbeitsstufe an der Bohrmaschine am Kolben vorgebohrten Einsenkung 1 mm unter Nenndurchmesser auf Paßmaß gehalten ist, weil die Kolbenöffnung wahrscheinlich durch die durch das Schruppen entstandenen und nach dem Abspannen freiwerdenden Spannungen unrund werden wird. Die

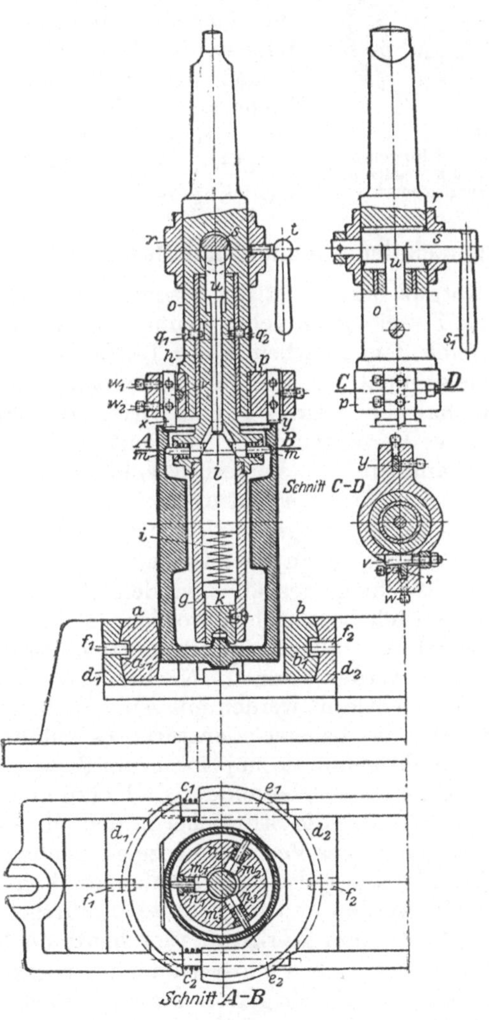

Bild 84

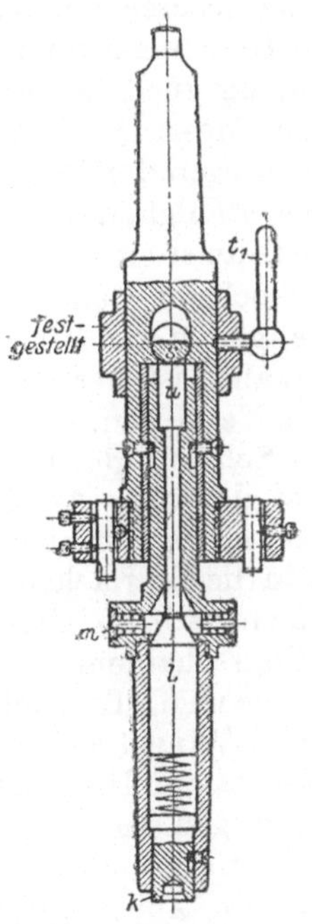

Bild 85

Bilder 84 und 85. Bohrspannvorrichtung mit Dornführung und Arbeitsvorrichtung

a und *b* Sonderspannbacken, werden durch die Federn c_1 und c_2 in die kugelig ausgedrehten Grundbacken d_1 und d_2 gedrückt; e_1 und e_2 Geradführungsbolzen, sitzen fest in *a* und lose in *b*; f_1 und f_2 Begrenzungsstifte, haben in senkrechter Richtung in den Langlöchern a_1 und b_1 Spiel; *g* Ausmittdorn, ist mit Führungsdorn *h* durch Gewinde fest verbunden; *i* Druckfeder, drückt Innenkegel *k* nach unten und Außenkegel *l* nach oben; $m_1 \cdots m_3$ Ausmittstößel, werden durch Federn $n_1 \cdots n_3$ nach innen und durch Kegel *l* nach außen gegen die Kolbenwand gedrückt; *o* Kegelschaft, ist mit dem Werkzeugträger *p* durch Gewinde verbunden, auf *h* drehbar gelagert und durch Zapfenschrauben q_1 und q_2 mit etwas Spiel begrenzt; *r* Stellbuchse, ist auf *o* senkrecht beweglich, trägt drehbar die Stellwelle *s* und wird zwecks Entspannung der Stößel $m_1 \cdots m_3$ in der unteren Lage durch Griffschraube *t* festgestellt; *u* Entspannungsstößel vermittelt das Abwärtsdrücken des Kegels *l* durch Stellwelle *s*; Keilschraube *v* und Druckschrauben w_1 und w_2 dienen zum Einstellen des Bohrmeißels *x* auf genauen Durchmesser; *y* Abflächmeißel

Ringmutter *d* verbindet die Ausmittringe mit dem Futterkörper *a*. Der Spannkolben *e* ist achsrecht beweglich in *a*, aber durch den Federkeil *f* am Drehen verhindert. Gespannt wird durch Preßluft (s. Bild 33) über die Zugspindel *h* mit dem Druckausgleichbolzen *g*. Die weitere Bearbeitung erfolgt ebenfalls nach dem Beispiel für eine vollständige Bearbeitung von Motorkolben.

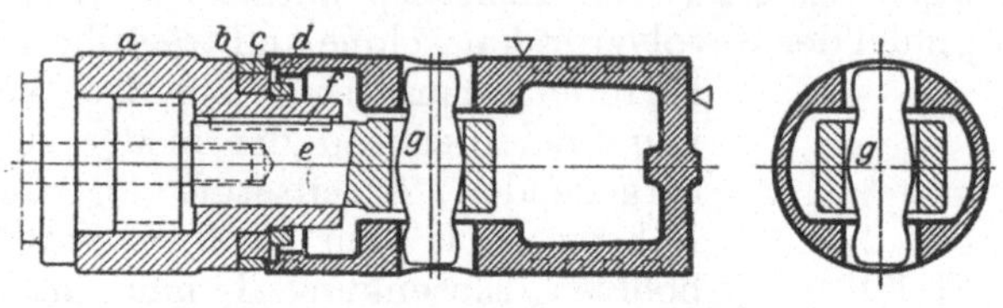

Bild 86. Achsenspannfutter für Kolben

a Futterkörner, trägt die gehärteten Ausmittringe *b* und *c*; *d* Ringmutter, verbindet *b* und *c* mit *a*; *e* Spannkolben, achsrecht in *a* beweglich und durch Federkeil *f* am Drehen verhindert; *g* Druckausgleichdorn

Die Art der Aufspannung ist für verhältnismäßig lange Kolben weit günstiger als die im Bild 71 dargestellte, da durch die Anlage der Kolbenstirnfläche an der Vorrichtung eine vielleicht schädliche Durchfederung bei der Bearbeitung verhindert wird.

M. Bearbeitung geteilter Lagerschalen ohne und mit Bund

Geteilte Lagerschalen aus Bronze, Rotguß oder sonstigen besonderen Werkstoffen werden im Maschinenbau für viele Zwecke gebraucht. Früher wurden die meist hälftig gegossenen Lagerschalen nach dem Bearbeiten der Teilflächen an diesen zum Drehen zusammengelötet, wie es im allgemeinen Maschinenbau in der Einzelfertigung auch heute noch manchmal üblich ist. Für eine wirtschaftliche Reihen- oder Massenfertigung kommt dieses Verfahren natürlich nicht in Frage. Nicht allein wegen der Kosten für das Zusammenlöten, sondern besonders wegen der Austauschfähigkeit, die hierbei kaum bei größter Sorgfalt und mit zuverlässigen Facharbeitern erreichbar ist. Austauschfähige Lagerschalen lassen sich dagegen mit höchster Genauigkeit billig herstellen, wenn sie mit den Teilflächen gegen feste, genau zur Mitte abgerichtete Anschläge gespannt werden. Wie das geschehen kann, ist bereits mehrmals öffentlich beschrieben worden. Bekannt ist z. B. das Verfahren, die Teilflächen durch besondere Angüsse zu verbreitern, damit zwei Schalen gleichzeitig eingespannt werden können. Nachteilig ist jedoch hierbei, daß diese Angüsse später wieder entfernt werden müssen. Auch ein anderes bekanntes Verfahren, nämlich, falls die Lagerschalenstärke es zuläßt, Stiftlöcher in die Teilflächen der Schalen zu bohren und sie zu je zwei zum Bearbeiten zusammenzustiften, ist sehr zeitraubend und teuer, besonders, da hierzu auch noch eine Bohrschablone erforderlich ist, damit sich die Stiftlöcher in den einzelnen Hälften decken. Im nachfolgenden ist ein anderes Verfahren gezeigt, bei dem die erwähnten Mängel nicht auftreten. Für glatte geteilte Lagerschalen, die heutzutage meistens aus Hohlstangen hergestellt werden und für geteilte Bundlagerschalen, die wegen der Ersparnis an meist kostbarem Werkstoff auch heute noch durchweg hälftig gegossen werden, ist hierunter jeweils ein besonderes Arbeitsbeispiel gewählt. Zur besseren Verständlichkeit ist für die glatten geteilten Lagerschalen ein bestimmtes Beispiel mit festgelegten Maßen gewählt worden.

1. Bearbeitung geteilter glatter Lagerschalen

Sie beginnt mit dem *Teilen der Lagerschalen in Längsrichtung*. Auch die glatten geteilten Lagerschalen wurden früher meistens hälftig gegossen. Zur Einsparung der Modell-, Einform-, Gieß- und Putzkosten ist es vorzuziehen, hierfür hohle Stangen zu verwenden, die man heute aus den verschiedensten Werkstoffen von bestimmten Firmen in fast allen gängigen Abmessungen beziehen kann. Die Lagerschalen sind zunächst aus Gründen, die später noch erläutert werden, als volle Buchsen von etwas mehr als der doppelten Lagerlänge von den hohlen Stangen abgeschnitten worden (Bilder 87 bis 90). Diese Bilder geben die erforderchen Werkstoffzugaben und die während der Bearbeitung auftretenden Veränderungen der Außen- und Innenmaße des ursprünglich kreisrunden Querscnnitts der hohlen abgeschnittenen Stangenstücke an. Diese für jeweils zwei vollständige Lager (vier Lagerschalen) vorgesehenen Hohlstangenstücke müssen nun auf einer doppelspindeligen Horizontalfräsmaschine mit zwei Kreissägeblättern von 1 mm Stärke von beiden Seiten zugleich in Längsrichtung auf Mitte durchgesägt werden. Sollen stärkere Kreissägeblätter verwandt werden, dann ist der Außendurchmesser der Rohmaße entsprechend größer zu wählen (Bild 87). Zum Teilen in Längsrichtung ist eine einfache Vorrichtung zum Ausmitten und Span-

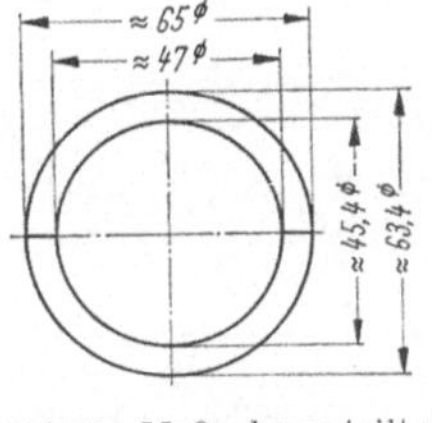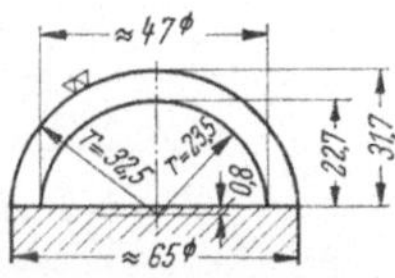

Bild 87. Rohmaße für geteilte glatte Lagerschalen

Bild 88. Maße der geteilten Lagerschalen mit 1 mm Schnitt

Bild 89. Maße der geteilten Lagerschalen nach dem Planschleifen der Teilflächen

Bild 90. Eine geteilte Schalenhälfte in der Länge von zwei Lagerschalen plus Trennzugabe, aufgespannt auf Drehvorrichtung (Bild 95) zum Fertigdrehen des Außendurchmessers auf 62 Durchmesser H 6

Bilder 87···90. Geteilte glatte Lagerschalen Roh- und Zwischenmaße während der Bearbeitung

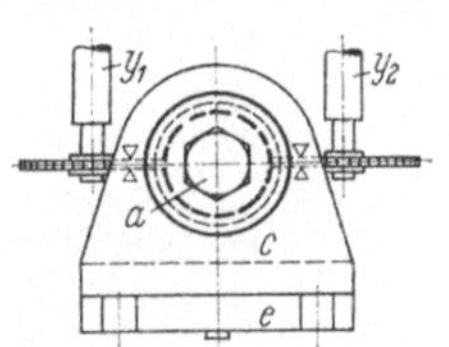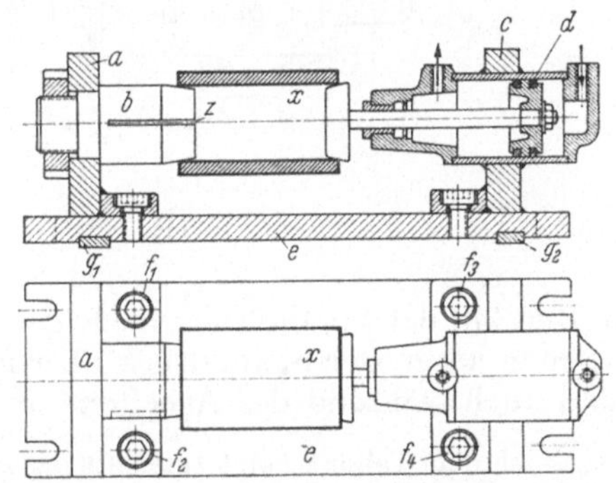

Bild 91. Spannvorrichtung zum Teilen von Buchsen in Längsrichtung

Buchse x wird fest in Winkel a sitzenden Pfropfen b und durch Zuspannen des mit seinem am Spannwinkel c angeschweißten Zylinders sitzenden Paßkolben mit dessen ebenfalls kegelig angedrehtem Spannabsatz am anderen Ende gespannt; g_1 und g_2 Paßstücke zum Bestimmen der Vorrichtung auf der Horizontalfräsmaschine; y_1 und y_2 Kreissägeblätter; z Einstellnuten für diese

nen erforderlich, so oder so ähnlich wie sie Bild 91 wiedergibt. Das in diesem Zustand noch als Buchse anzusehende Werkstück wird zunächst an einem in dem Spannwinkel a fest sitzenden, an seinem inneren Ende um 0,5 mm kegelig angedrehten Pfropfen b aufgenommen und nach dem Zuspannen des mit seinem am Spannwinkel c angeschweißten Zylinders doppeltwirkenden Preßluftkolben d durch dessen in gleicher Weise wie Pfropfen b kegelig angedrehten Spannabsatz an seinem anderen Ende schließlich gemittet und festgespannt. Entspannt wird durch Umschalten der Preßluft mittels Steuerhahn oder Steuerschieber[1]. Die kegeligen Absätze des Pfropfens und des Kolbens sind von 0,25 mm unter bis auf 0,25 mm über den Innendurchmesser der Buchse gedreht, so daß sich die ziemlich maßhaltig angelieferten Buchsen bis zu einer gewissen Länge hier hinaufschieben lassen. Eine geringe Verspannung bzw. Aufweitung der Buchsenenden würde dabei keine Rolle spielen, weil genügend Zugabe vorhanden ist, um die dadurch

---

[1] Siehe I. Teil, 9. Aufl., Abschn. 10b.

entstandenen Abweichungen bei der Fertigbearbeitung wieder auszugleichen. Die beiden Spannwinkel a und c sind in diesem Falle nicht auf die Grundplatte e geschweißt, sondern geschraubt, weil ihre Bohrungen sich so genauer auf der Drehmaschine oder auf der Lehrenbohrmaschine einarbeiten lassen und sich auch bei einem nachträglichen Schweißen verziehen würden. Zum Einstellen der Sägeblätter auf Mitte Werkstück ist in den Propfen b beiderseits eine entsprechende Nute z gefräst.

Die Druckluftspannung spart Zeit und sichert auch hier gleichmäßige Arbeit, da der Spanndruck unabhängig vom Ermüdungszustand des Bedienenden ist. Gerade, wenn es sich wie hier, um empfindliche Werkstücke handelt, ist es sehr vorteilhaft, daß durch das im Preßluftsystem vorhandene Druckminderventil

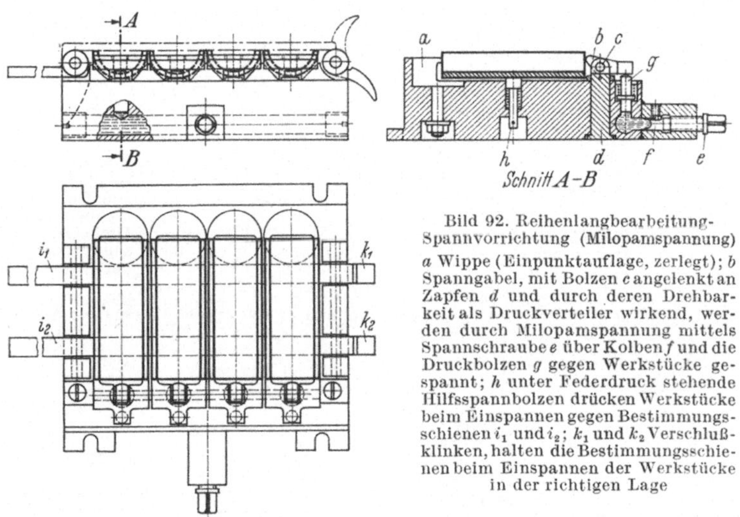

Bild 92. Reihenlangbearbeitung-Spannvorrichtung (Milopamspannung)

a Wippe (Einpunktauflage, zerlegt); b Spanngabel, mit Bolzen c angelenkt an Zapfen d und durch deren Drehbarkeit als Druckverteiler wirkend, werden durch Milopamspannung mittels Spannschraube e über Kolben f und die Druckbolzen g gegen Werkstücke gespannt; h unter Federdruck stehende Hilfsspannbolzen drücken Werkstücke beim Einspannen gegen Bestimmungsschienen i_1 und i_2; k_1 und k_2 Verschlußklinken, halten die Bestimmungsschienen beim Einspannen der Werkstücke in der richtigen Lage

s. Bild 33) der Spanndruck niedriger eingestellt und mit geringer Kraft gespannt werden kann, der Spanndruck aber nach erfolgter Einstellung gleichmäßig bleibt und auch während des Arbeitens unveränderlich wirkt.

Nach dem Teilen erfolgt zunächst das *Schleifen der Teilflächen.* Das Bearbeiten der Teilflächen durch Schleifen ohne Vorbearbeitung durch Fräsen oder Hobeln ist sehr vorteilhaft, da hierfür nur geringe Zugaben des meist teuren Werkstoffes erforderlich sind (Bild 87). Es ist dafür eine Reihenlangbearbeitung-Spannvorrichtung (Bild 92) vorgesehen. Der Konstruktion dieser Vorrichtung ist folgende Überlegung vorangegangen: Beim Bearbeiten durch Schneidmeißel ist es für die Schnittdauer, also für die Bearbeitungszeit, belanglos, wenn die Bearbeitungszugabe an den einzelnen Stücken schwankt. Beim Schleifen ist es aber nicht der Fall, sondern jede verstärkte Zugabe bedingt eine längere Arbeitsdauer. Für ein wirtschaftliches Schleifen ist also eine gleichmäßige Zugabe Bedingung. Die einzelnen Werkstücke müssen also so in der Reihenspannvorrichtung eingespannt werden, daß die zu bearbeitenden Flähcen so genau wie möglich in einer Ebene liegen. Sie müssen also an diesen Flächen in der Vorrichtung bestimmt werden. In den Bildern 93 und 94 sind die Lagerschalen falsch und richtig bestimmt. Zum besseren Verständnis sind die Fehler an den einzelnen Werkstücken übertrieben groß dargestellt. In Wirklichkeit werden sie so gering sein, daß sie bei der weiteren Bearbeitung durch Schneidmeißel nicht zur Geltung kommen. Die Vorrichtung hat eine Reihe von Spanneinheiten, bestehend aus je einer Wippe a, einer Spanngabel b, die mit Bolzen c am drehbaren Zapfen d angelenkt ist und dadurch als Druckverteiler wirkt, und schließlich den Druckbolzen g. Alle diese Spanneingheiten werden von einer Stelle aus: nämlich durch die Spannschraube e und den Druckkolben f hydraulisch durch eine plastische Masse (Milopam) gespannt. Da die Schalen beim Einlegen in die prismaartigen Vertiefungen des Vorrichtungskörpers zunächst nur eine ungefähr richtige Lage erhalten, müssen ihre Teilflächen vor dem Festspannen noch dadurch genau bestimmt werden, daß jede Schale durch einen unter Federdruck stehenden Hilfsspannbolzen h mit der oberen Fläche gegen zwei Schienen i_1 und i_2 gedrückt wird. Durch Fortklappen der während des Spannens durch die Verschlußklinken k_1 und k_2 festgehaltenen Schienen werden die zu bearbeitenden Flächen freigelegt.

Beim Drehen des äußeren Durchmessers werden die Schalen einzeln außen vor- und fertiggedreht. Damit sie eingespannt werden können, sind sie, wie schon erwähnt, in doppelter Länge plus Trennzugabe von der Hohlstange (Bild 87) abgeschnitten worden. Bild 95 zeigt die dazu erforderliche Einzelrundbearbeitung-Spannvorrichtung. Das Werkstück wird darin mit der Teilfläche gegen eine genau zur Mitte gearbeitete Fläche des entfernungbestimmenden Auflagebolzens a gespannt, und zwar so, daß immer eine Hälfte bearbeitet wird, derweil die andere gehalten wird. Gespannt wird mit der Spannschraube c über den prismatisch ausgebildeten mittenden Druckverteiler b. Beim Zurückdrehen der Spannschraube wird der Spannkloben durch die Druckfedern d_1 und d_2 aufwärts bewegt und gibt das Werkstück frei. Nach Bearbeitung der zweiten Hälfte werden beide durch einen Abstechmeißel voneinander getrennt, wodurch sich zwei genau einander gleichende und zu einem vollständigen Lager ergänzende Schalen ergeben; einstweilen natürlich nur bezüglich des äußeren Durchmessers.

Würde bei diesem Verfahren, wie in der üblichen Weise, nur mit einem Drehmeißel gearbeitet werden, so würde die Revolverdrehmaschine nur halb ausgenutzt werden. Durch Verwendung der besonderen Arbeitsvorrichtung (Bild 96) wird dieser Nachteil aufgehoben. Es sind hierbei in Schaft a zwei genau einander gegenüberliegende Drehmeißel b und c so angeordnet, daß der eine als Schruppmeißel vor- und der andere als Schlichtmeißel nachschneidet. Dadurch steht immer ein Drehmeißel mit dem Werkstück im Eingriff, und dieses wird in einem Zuge fertiggeschruppt und geschlichtet, ohne daß der stärkere Schnittdruck in radialer Richtung auf das Werkstück dieses beim Schlichtspan beeinflussen kann. Der Umstand, daß die Drehmeißel, solange sie scharf sind, in

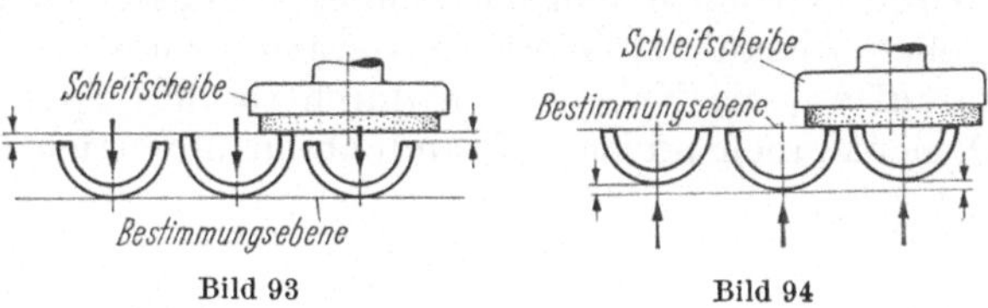

Bild 93   Bild 94

Bilder 93 und 94. Zum Schleifen der Teilflächen falsch und richtig bestimmte Lagerschalen

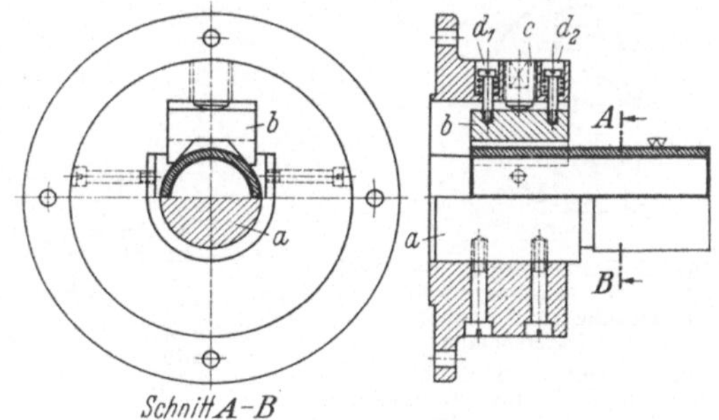

Bild 95. Fliegende Rundbearbeitung-Spannvorrichtung

a entfernungbestimmender Auflagebolzen; b Druckverteiler, als Ausmittprisma ausgebildet, wird durch Spannschraube c abwärts und durch Druckfedern d_1 und d_2 aufwärts bewegt

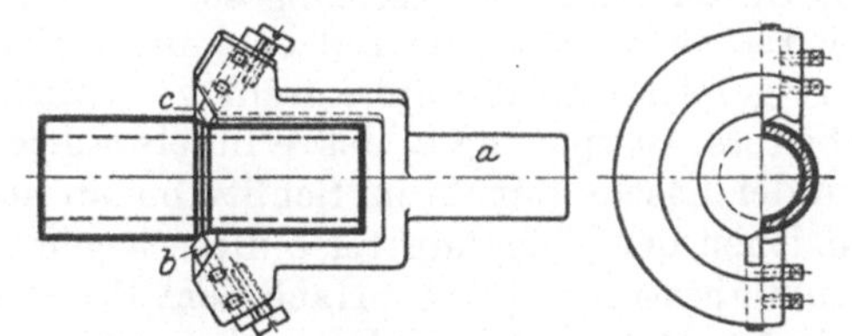

Bild 96. Doppelstahlhalter (werkzeugtragende Arbeitsvorrichtung)

a Schaft, wird im Revolverkopf oder in der Reitstockpinole befestigt; b Schruppmeißel; c Schlichtmeißel

ihrer Lage nicht verändert zu werden brauchen, wie z. B. am Revolverkopf durch dessen Wegschwenken, bietet eine große Gewähr für genaue Übereinstimmung der einzelnen Schalen ohne öfteres Nachmessen.

Beim *Ausbohren der Schalen* werden zwei gleichzeitig fertig ausgebohrt und an beiden Enden abgeflächt. Es kann dafür eine Gemeinspannvorrichtung, am zweckmäßigsten ein kraftbetätigtes Genauigkeitszweibackenfutter, benutzt werden, das mit halbrund ausgedrehten weichen Sonderbacken ausgestattet wird (Bild 97). Dessen Backen a_1 und a_2 sind aber nicht in ganzer Höhe auf den Schalen-Außendurchmesser ausgedreht, sondern erhalten einen Anschlag a_3, so daß die Schalen beim Einspannen auch entfernungbestimmt werden. Nach dem Ausbohren der Schalen auf 48 Durchmesser H 7 ist die nach außen liegende Stirnfläche nur ganz leicht überzuplanen. Dann sind die beiden Schalen umzudrehen, so daß jetzt die übergeplante Stirnfläche im Grund der Backen am Anschlag aufliegt. Darauf kann die zweite Stirnfläche der Schalen nach Einstellen des Drehmeißels nach dem an Spannbacke a_1 angebrachten Maßklotz b auf die angegebene Schalenlänge abgeplant werden kann.

Anschließend erfolgt das *Bohren des Schmierloches*. In je eine von zwei zusammengehörigen Lagerschalen ist ein Schmierloch von 4 mm Durchmesser zu bohren und mit einem 60°-Senker 3 mm tief anzusenken. Wenn es gilt, in eine größere Anzahl von Werkstücken jeweils nur ein Loch zu bohren, dann kommt es darauf an, die Nebenzeiten durch rasches Spannen möglichst klein zu halten. Dementsprechend ist die Standbohrspannvorrichtung (Bild 98) entwickelt worden.

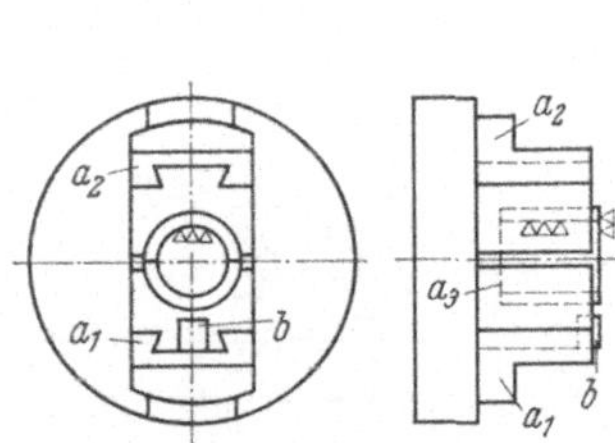

Bild 97. Kraftbetätigtes Zweibackenfutter als Rundbearbeitung-Spannvorrichtung zum Ausbohren von Lagerschalen

a_1 und a_2 weiche, auf Paßmaß 62 mm Durchmesser H 7 ausgedrehte Sonderspannbacken mit Anschlag a_3; b Maßplättchen

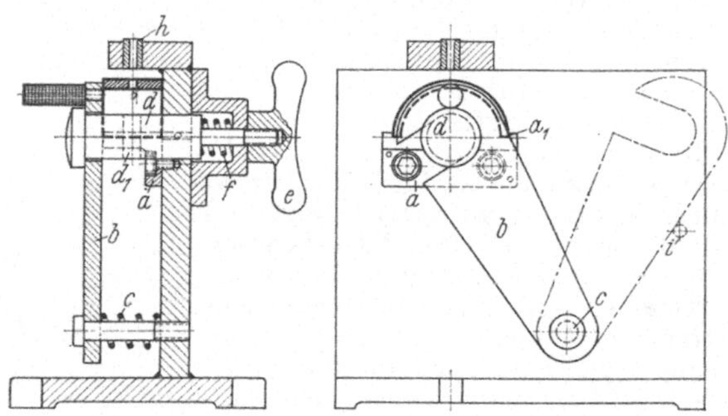

Bild 98. Standbohrspannvorrichtung für Lagerschalen

a Winkel, nimmt Werkstück an Teilfläche in Aussparung a_1 auf und mittet es dadurch; Lasche b, schwenkbar um Bolzen c, spannt Werkstück nach ihrem Einschwenken durch Anziehen von Bolzen d mit Flügelmutter e; f Druckfeder drückt d nach Lösen von e nach außen und gibt dadurch Lasche zum Zurückschwenken frei; g Handgriff zum Schwenken von b; h Bohrbuchse; i Anschlagstift für Lasche

Diese Bohrvorrichtung besteht aus einem aus Stahlplatten zusammengeschweißten Gestell, das die fest eingesetzten und beweglichen Einzelteile trägt. Das Werkstück wird bei um Bolzen c ausgeschwenkter Lasche b (im Bild strichpunktiert gezeichnet), die am Anschlag i anliegt, in die entsprechende genau ausgearbeitete Aussparung a_1 des Winkels a gelegt und so gemittet. Nach Einschwenken der Lasche mit ihrem Schlitz bis an den Spannbolzen d spannt dieser durch Anziehen der Flügelmutter e diese gegen das Werkstück, wodurch es auch entfernungbestimmt wird. Nach dem Bohren des Werkstückes und dem Lösen der Flügelmutter um 1 bis 2 Umdrehungen drückt die Druckfeder f den Spannbolzen nach außen und gibt die Lasche frei, so daß sie weggeschwenkt und das Werkstück herausgenommen werden kann. Die Bohrspäne fallen durch ein großes senkrechtes Querloch d_1 des Spannbolzens heraus und stören daher nicht. Die Lagerschalen werden in der Bohrvorrichtung wegen des sonst notwendigen umständlichen Bohrbuchsenwechsels nur gebohrt. Das Ansenken wird nachträglich in einem kleineren Maschinenschraubstock vorgenommen.

2. Bearbeitung geteilter Bundbuchsen

Das Schleifen der Teilflächen geht wie bei den glatten Lagerschalen vor sich und verlangt die gleiche Reihenlangbearbeitung-Spannvorrichtung (Bild 92).

Anders ist es mit dem *Drehen des äußeren Durchmessers*. Die bei Bundlagerschalen einzeln gegossenen Schalenhälften werden in dieser Arbeitsstufe nur an den äußeren Enden, den Bunden, gedreht, die zur Aufnahme in der Vorrichtung beim späteren Ausbohren dienen und deshalb auf Paßmaß gedreht werden müssen. Es wird hierbei die gleiche Einzelrundbearbeitung-Spannvorrichtung (Bild 95) benutzt wie für glatte geteilte Lagerschalen, wobei zunächst an einem unbearbeiteten Bund (Bild 99) auf Mitte Druckverteiler b der Vorrichtung gespannt und der nach außen liegende Bund fertiggedreht wird. Nach dem Umdrehen der Schale in der Vorrichtung wird dann am bereits fertiggedrehten Bund gespannt und der zweite Bund außen fertiggedreht. Die Spannvorrichtung läßt diese Durchmesser-Unterschiede zu, weil der spannende Druckverteiler b (Bild 95) in senkrechter Richtung beweglich ist. Der schwächere, zwischen den Bunden liegende zylindrische Teil der Schale wird in einer späteren besonderen Arbeitsstufe bearbeitet, da sich der Doppelstahlhalter (Bild 96) hierfür nicht verwenden läßt, mithin hierfür das gleichzeitige Bearbeiten von zwei aufeinander gesetzten Schalen wirtschaftlicher ist.

Das Ausbohren der Schalen erfolgt in der gleichen Weise wie bei glatten geteilten Lagerschalen. Es wird auch ein gleiches, nur mit entsprechend größer ausgedrehten Sonderspannbacken versehenes Zweibackenfutter (Bild 97) hierfür verwandt.

Das Bohren des Schmierloches geht ebenso und mit einer gleichartigen, aber mit entsprechend größeren Einzelteilen versehenen Standbohrspannvorrichtung

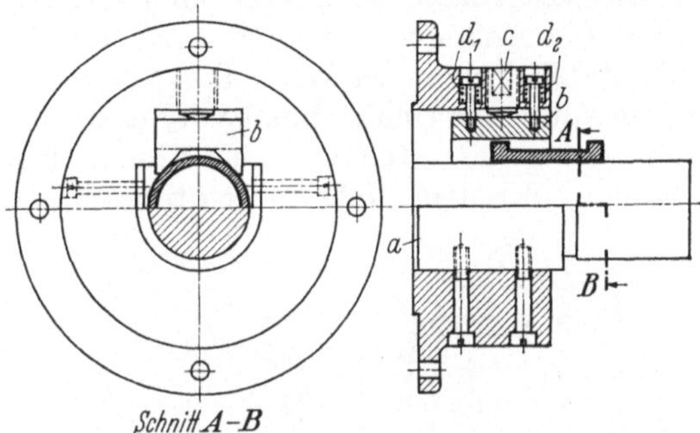

Bild 99. Fliegende Rundbearbeitung-Spannvorrichtung mit eingelegter Bundlagerschale

a entfernungsbestimmender Auflagebolzen; b Druckverteiler, als Ausmittprisma ausgebildet, wird durch Spannschraube c abwärts und durch Druckfedern d_1 und d_2 aufwärts bewegt

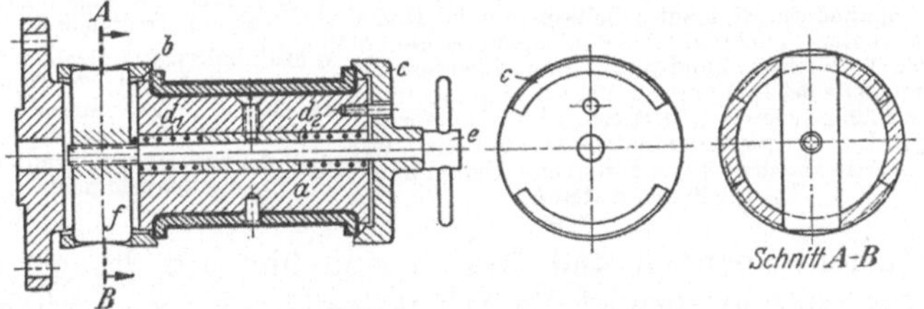

Bild 100. Fliegende Rundbearbeitung-Spannvorrichtung

a Ausmitt- und Aufnahmedorn; b und c Spannscheiben, werden durch Druckfedern d_1 und d_2 auseinander und durch Spannschraube e mit Querstück f zusammengedrückt

(Bild 98) vor sich wie in der für glatte Lagerschalen.

Das *Drehen des schwächeren äußeren, zwischen den Bunden liegenden Teiles* wird an zwei hierzu zusammengesetzten Schalen zugleich ausgeführt. Das Bild 100 zeigt die dafür entworfene Rundbearbeitung-Spannvorrichtung: einen fliegenden Dorn a, der die Schalen aufnimmt und mittet, mit den Spannbacken b und c, die durch die Druckfedern d_1 und d_2 auseinander- und durch die Spannschraube e und das Querstück f zusammengedrückt werden und dadurch das Werkstück festspannen. Die Spannschraube ist nicht wie in dem Bild mit einem Knebel, sondern mit einem Vierkant versehen worden, weil derartige vorstehende Teile bei umlaufenden Vorrichtungen leicht Verletzungen hervorrufen können. Sie muß also mit einem Steckschlüssel bedient werden.

N. Bearbeitung größerer Kolbenbolzenbuchsen

Kolbenbolzenbuchsen werden in die Pleuelstangenköpfe von Viertaktmotoren eingezogen, indem man entweder die Pleuelköpfe in einem Ölbad anwärmt oder die Buchsen in Eis unterkühlt. Da sie im eingebauten Zustand die Paßbohrung

H 7 haben müssen, die Bohrung sich aber unter der Auswirkung des äußeren Preß- bzw. Festsitzes etwas verändert, müssen sie mit einer geringen Bohrungszugabe eingezogen und nachher am Horizontal-Koordinatenbohrwerk an der Pleuelstange in einer Aufspannung mit der Kurbellagerbohrung und parallel und im richtigen Abstand hierzu noch auf Paßmaß ausgedreht werden. Da diese Buchsen meist in größeren Stückzahlen gebraucht werden, ist hierfür die Verwendung einiger in ihrer Konstruktion beachtenswerter Sondervorrichtungen für die wirtschaftliche Bearbeitung unerläßlich.

Für die Außenbearbeitung wurden ein verstellbarer Aufspanndorn und ein Mehrstahlhalter entwickelt. Die Verstellbarkeit des Aufspanndornes gestattet es, die mit etwas Ungleichheit vorgearbeiteter Bohrung versehenen Buchsen ohne weiteres Nacharbeiten und das übliche Einpassen von Zentrierscheiben aufzunehmen. Mit dem Mehrstahlhalter werden Außendurchmesser und Stirnseiten mit den äußeren Anfasungen in einer Aufspannung und in einem Arbeitsgang fertiggestellt.

Dieses ist ein Schulbeispiel dafür, wie man durch zweckentsprechende Vorrichtungen nicht nur Arbeitszeit spart, sondern auch bessere Voraussetzungen für die Arbeitszeitermittlung schafft, denn gerade die schwer zu erfassenden Zeiten für Rüsten, Spannen und Messen sind hier auf das geringste Ausmaß beschränkt worden, und dazu ist die Arbeit des Drehers wesentlich erleichtert worden.

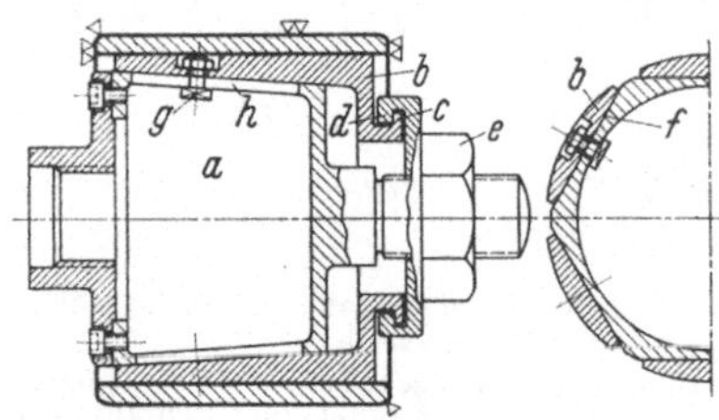

Bild 101. Fliegender Spanndorn mit beweglichen Spannbacken

a Spanndorn, wird auf Arbeitsspindel der Drehmaschine geschraubt; sechs Spannbacken *b* werden an ihrem Bund *c* durch Bund *d* der Spannmutter *e* bei Drehung derselben in Achsrichtung auf den geneigten Gleitflächen *f* des Spanndornes je nach Drehrichtung entweder aufwärts oder abwärts gezogen; Halteschrauben *g* gleiten hierbei in den Nuten *h*

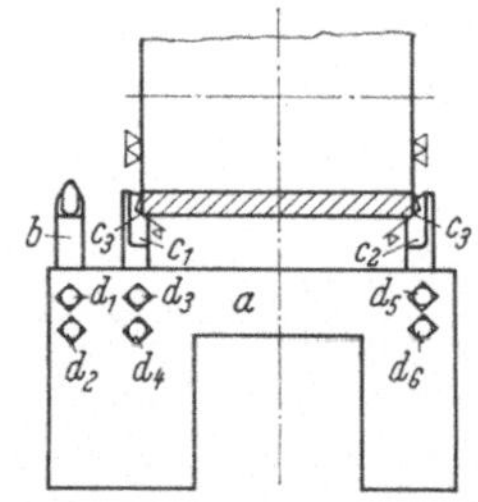

Bild 102. Mehrstahlhalter für Kolbenbolzenbuchsen

a Stahlhalter, am Drehbanksupport befestigt; *b* Drehmeißel; c_1 und c_2 Seitendrehmeißel mit Abschrägung c_3, $d_1 \cdots d_6$ Befestigungsschrauben für die Schneidmeißel

Zum Spannen beim *Vordrehen des Innendurchmessers* genügt ein gut mittendes kraftbetätigtes Dreibackenfutter, da die Bohrung zunächst nur mit einer Schnittzugabe von 0,2 bis 0,3 mm auszudrehen ist. Diese Arbeit kann auf einer Revolverdrehmaschine ausgeführt werden.

Das *Fertigdrehen des Außendurchmessers, Abplanen der beiden Stirnflächen auf Länge und Anfasen der Außenkanten* muß auf einer Spitzendrehmaschine ausgeführt werden, weil mit einem Mehrstahlhalter gearbeitet werden soll. Zum Aufspannen der Buchsen wird ein fliegender Dorn mit sechs in Längsrichtung beweglichen Spannbacken verwandt (Bild 101). Mit diesem Dorn wird das Werkstück gleichzeitig gemittet und gespannt. Der eigentliche Spanndorn *a* wird auf die Arbeitsspindel der Drehmaschine geschraubt. Die sechs Spannbacken *b* fassen mit ihrem abgesetzt angedrehten Ansatz *c* hinter den Bund *d* der Spannmutter *e*. Durch diese Anordnung werden beim Drehen der Spannmutter die Spannbacken *b* auf den schrägen Gleitflächen *f* des Spanndornes in Achsrichtung verschoben. Die Hammerschrauben *g* in den Schlitzen *h* des Spanndornes sollen ein seitliches Ausweichen der Spannbacken verhindern. Sie dürfen nur so weit angezogen werden, daß die Spannbacken noch auf dem Spanndorn gleiten können. Schon eine geringe Neigung der Gleitflächen gestattet einen ziemlich großen Spannbereich, so daß die Buchsen außen auf Paßmaß gedreht werden können, auch wenn sie innen mit noch größeren Toleranzen, als in der vorigen Arbeitsstufe vorgeschrieben, vorgedreht worden sind. Die Spannbacken müssen selbstverständlich auf den kleinstmöglichen Werkstück-Innendurchmesser gedreht sein.

Der Mehrstahlhalter (Bild 102) ist mit einem spitzen Drehmeißel b und den beiden Seitendrehmeißeln c_1 und c_2 bestückt. Nachdem der Außendurchmesser des Werkstückes mit dem Drehmeißel b durch Längsbewegung des Drehmaschinensupports, auf dem der Mehrstahlhalter a befestigt ist, in zwei Schnitten auf Paßmaß gedreht worden ist, wird der Drehbanksupport in Querrichtung zur Drehmaschine auf das Werkstück zubewegt, und zwar in der Stellung, daß jetzt die auf den Abstand der Werkstücklänge eingestellten Seitendrehmeißel die Stirnflächen möglichst gleichmäßig abplanen und mit ihren abgesetzten schrägen Schnittflächen c_3 auch gleich die Außenkanten mit anfasen.

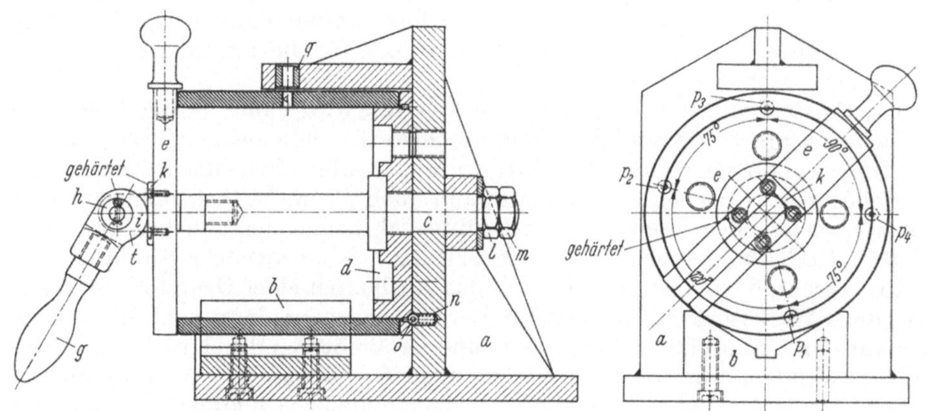

Bild 103. Standbohrspannvorrichtung für Kolbenbolzenbuchsen

a geschweißter Vorrichtungskörper, trägt aufgeschraubt Aufnahmeprisma b, das Werkstück mittet; c Spanndorn, eingeschraubt in schwenkbare Spannscheibe d, gegen die Werkstück geschoben und entfernungbestimmt wird; e geschlitzter Sperriegel, über abgeflachtes, in c eingeschraubtes Auge geschoben, spannt Werkstück mittels Griff g durch an Bolzen h angelenktes Spannexzenter i; k gehärtete Druckplatte, an Sperriegel angeschraubt, nimmt Spanndruck auf; l Spannmutter, nur leicht gespannt und durch Gegenmutter m am Festsetzen gehindert, erlaubt Schwenken in die vier erforderlichen Stellungen durch Einrasten der unter Druck der Feder n stehenden Kugel o in die entsprechenden Aussenkungen $p_1 \cdots p_4$ von d; q Bohrbuchse

Für das *Bohren der vier Schmierlöcher* ist die in Bild 103 gezeigte Standbohrspannvorrichtung konstruiert worden. Am geschweißten Vorrichtungskörper a ist ein Prisma b aufgeschraubt, das die Kolbenbolzenbuchse aufnimmt und mittet. Sie wird hierbei gegen die zusammen mit dem eingeschraubten Spannbolzen c in der Vorrichtung drehbaren Scheibe d geschoben und hierdurch entfernungbestimmt, und nachdem der Verschlußriegel e nach seinem Überschieben über das in den Spannbolzen c eingeschraubte, abgeflachte Auge durch das mit dem Griff g versehene, um den Bolzen h drehbare, Spannexzenter i gegen die am Vertchlußriegel angeschraubte Platte k gedrückt wird, auch gespannt. Spannexzenser i und Platte k müssen selbstverständlich gehärtet sein.

Nach dem Bohren des ersten Schmierloches kann das Werkstück mit dem Griff g über Spannbolzen und Scheibe leicht verdreht werden, da die Mutter l nur leicht angezogen ist und durch die Gegenmutter m am Verdrehen verhindert wird. Beim Verdrehen drückt die Feststellerkugel n die Druckfeder o zusammen und rastet erst wieder in die nächste der für die Stellungen der Schmierlöcher jeweils vorgesehenen Aussenkungen p_1 bis p_4 ein usw. Der Werkstückaufnahmeansatz der Scheibe d muß ebenfalls auf den kleinstmöglichen Werkstück-Innendurchmesser gedreht sein.

O. Bearbeitung von Motorengrundplatten

Die hier gestellte Aufgabe, Motorengrundplatten schnell und so genau zu bearbeiten, daß sie möglichst im ganzen, zumindest aber ihre Lagerschalen und Lagerdeckel austauschbar sind, wird erschwert durch das erhebliche Gewicht und die hierfür erforderlichen schweren und meist sehr teuren Vorrichtungen. Es ist oft wie auch in diesem Falle so, daß das Einbringen des schweren, sperrigen und unhandlichen Werkstückes in eine Vorrichtung in vielen Fällen unmöglich und wohl nur bei den kleineren Grundplatten unter gewissen Umständen durchführbar und lohnend ist. Aber auch diese sind nur mit viel zuviel Zeit- und Kostenaufwand in einer Vorrichtung unterzubringen, wenn nicht besondere Maßnahmen getroffen werden, wie es hier im Beispiel einer Grundplatte für Einzylinder-Motoren geschieht. Diese Methode kann auch für Grundplatten von kleinen Mehrzylinder-Motoren angewandt werden, doch müßten dann an der Lager-Ausbohrvorrichtung entsprechend mehr Lagerstellen für die Führung der Ausbohrstangen vorgesehen werden.

Das Ausbohren solcher kleinen Grundplatten wird daher in der Regel ohne Vorrichtung am Horizontal-Koodinatenbohrwerk vorgenommen. Wenn es sich aber um große Stückzahlen handelt, wird man aber doch die Bearbeitung in Vorrichtungen vorziehen, zumal man dann auch die wesentlich billigeren Bohreinheiten verwenden kann und überhaupt auch keines der üblichen Bohrwerke braucht. Deshalb sei auch hier die Bearbeitung in Vorrichtungen beschrieben.

Im Anschluß an das Beispiel für das Ausbohren einer Grundplatte in einer das ganze Werkstück aufnehmenden Vorrichtung wird dann noch gezeigt, wie man auch an Grundplatten für größere und Großmotoren durch nicht zu schwere Teilvorrichtungen eine recht gute Genauigkeit und absolute Austauschbarkeit erreicht. Zunächst soll gezeigt werden, wie man kleine Grundplatten von immerhin schon beachtlichem Gewicht zweckmäßig mit bzw. in das ganze Werkstück umfassenden Vorrichtungen bearbeitet.

Zum *Hobeln der Grund- und Oberfläche sowie der Absätze für die Lagerdeckel* wird die Grundplatte zunächst mit normalen Spannmitteln mit der Grundfläche auf den Hobelmaschinentisch gespannt und an der Oberfläche (Aufnahmefläche für Motorengestell) und den Absätzen für die Aufnahme der Lagerdeckel bis auf 1 mm Schnittzugabe vorgehobelt, dann mit der Grundfläche nach oben umgespannt und diese ebenfalls mit 1 mm Schnittzugabe vorgehobelt und darauf kurz zwecks Freiwerden der dem Gußstück und erst recht der Schweißkonstruktion trotz des vorhergegangenen Glühens noch innewohnenden Restspannungen losgespannt. Alsdann wird sie in der gleichen Lage wieder festgespannt und an der Grundfläche fertiggehobelt. Hiernach wird sie wieder mit der Grundfläche nach unten umgedreht, auf Parallelklötzen auf dem Tisch der Hobelmaschine neu ausgerichtet und festgespannt und dann an der Oberfläche und den Absätzen für die Lagerdeckel auf Höhenmaß fertiggehobelt. Da die letzteren auf Paßmaß bearbeitet werden müssen, ist hierfür eine gehärtete Sonderlehre (Bild 104) vorgesehen.

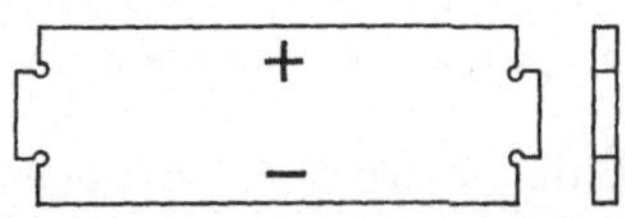

Bild 104. Gehärtete Breitenlehre für Lagerdeckelsitze an Motorengrundplatte

Für das *Prüfen der Paßmaße für die Lagerdeckelabsätze* wird die gleiche Sonderlehre (Bild 104) benutzt.

Für das *Bohren sämtlicher Löcher* ist die Bohrschablone (Bild 105) gedacht, die in den Absätzen für die Lagerstühle am Werkstück gemittet und durch Ausrichtung nach dem Mittelriß (Zylindermitte) an diesem entfernungbestimmt wird. Bei laufender Bearbeitung größerer Stückzahlen sind die Paßleisten a_1 und a_2 für die Bestimmung in den Lagerstuhlabsätzen besser nicht so wie hier an der

Bohrschablone anzuhobeln, sondern als gehärtete Leisten anzuschrauben. Falls die Bohrschablone wegen ihrer großen Abmessungen nicht aus leichtem Hartgewebe oder Hartpapier, sondern aus einer Stahlplatte hergestellt ist, sind wegen ihres zu großen Gewichtes die Augbolzenlöcher e_1 und e_2 einzubohren. Die Bohrschablone wird mit den Spannbügeln f_1 bis f_4 an der oberen Platte der Grundplatte festgespannt. Die Paßlöcher für die Gestellbefestigung und die Gewindelöcher für die Lagerdeckelbefestigung werden durch normale Steckbuchsen gebohrt und die ersteren auch durch solche gesenkt und gerieben. In die Gewindelöcher wird bei aufgespannter Bohrschablone nach Herausnahme der Steckbuchse auch gleich Gewinde geschnitten.

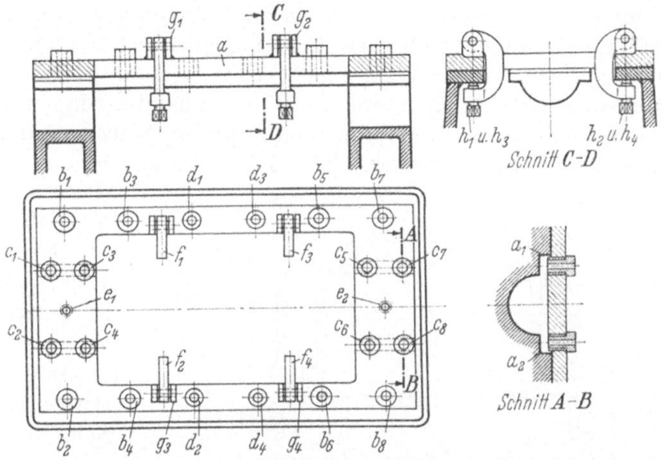

Bild 105. Bohrschablone für Motorengrundplatte Bild 106

a Bohrschablone, a_1 und a_2 Paßleisten, $b_1 \cdots b_8$ Steckbohrbuchsen für Paßlöcher, $c_1 \cdots c_8$ Steckbohrbuchsen für Gewindelöcher, $d_1 \cdots d_4$ feste Bohrbuchsen, e_1 und e_2 Augbolzenlöcher, $f_1 \cdots f_4$ Spannbügel, durch Bolzen $g_1 \cdots g_4$ an *a* angelenkt; $h_1 \cdots h_4$ Spannschrauben

Für das *Ausbohren und Anflächen der Lagerstellen* mit aufgesetzten und verschraubten Lagerdeckeln als wichtigsten und letzten Arbeitsvorgang ist eine sehr bedeutsame Sondervorrichtung mit einer Anzahl werkzeugtragender Arbeitsvorrichtungen vorgesehen, die eine sichere Gewähr für einen vollen Erfolg bieten. Bild 106 zeigt in halbschematischer Darstellung eine Bohrspannvorrichtung als Hauptvorrichtung mit einem Zuführungswagen und der eingelegten Nebenvorrichtung für das Abplanen der Lagerstirnflächen als den letzten Arbeitsvorgang in dieser Arbeitsstufe. Das Bemerkenswerteste an der Hauptvorrichtung

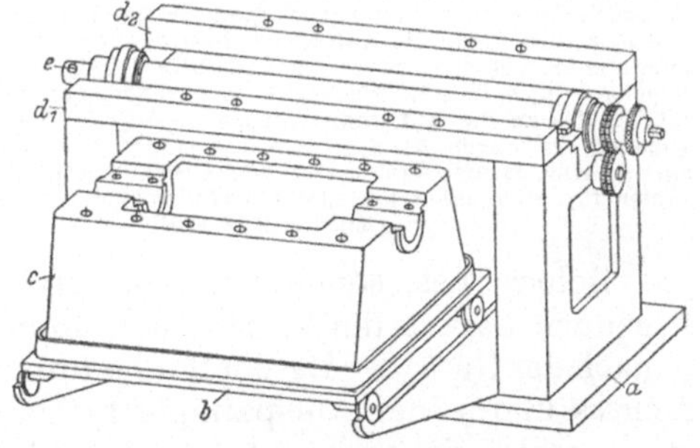

Bild 106. Bohrspannvorrichtung für Motorgrundplatten mit eingelegter Abflächvorrichtung Bild 110

a Vorrichtungskörper, *b* Wagen für die Aufnahme des Werkstückes aus der Hebevorrichtung, d_1 und d_2 Schienen für die Aufnahme und das Bestimmen des Werkstückes, *e* Abflächwerkzeug nach Bild 110 in Betriebsstellung (hierzu s. Bild 107)

ist die Zubringereinrichtung für das Werkstück (Bild 107). Sie besteht aus einem auf den im Vorrichtungskörper *a* angeschweißten Laufschienen i_1 und i_2 auf den Laufrädern l_1 bis l_4 laufenden Zubringerwagen *b*. Nachdem dieser Zubringerwagen vom Kran aus mit dem Werkstück beladen worden ist, wird er von Hand unter die Aufnahmeschienen d_1 und d_2 der Vorrichtung gerollt, was ganz leicht geht, da die Laufräder auf Kugellagern m_1 bis m_4 laufen. Durch zwei unter dem Wagen an beiden Seiten der Vorrichtung angebrachte Hydrozylinder h_1 und h_2, die einen gemeinsamen Anschluß *p* haben und somit gleichmäßig arbeiten, wird das Werkstück sodann angehoben und gegen die Aufnahmeschienen gedrückt, wobei die acht in den Aufnahmeschienen angeordneten Paßstifte f_1 bis f_8 in die entsprechenden bereits gebohrten Paßlöcher des Werkstückes eingreifen und dieses damit genauestens in der Vorrichtung bestimmen. Um zu vermeiden, daß die Aufnahmeschienen durch den Druck von unten federnd durchgebogen werden, ist nur ein mäßiger Druck einzustellen. Aus Sicherheitsgründen sind darum an den Aufnahmeschienen d_1 und d_2 noch vier Spannbügel g_1 bis g_4 angebracht, mit denen das Werkstück noch zusätzlich festgespannt wird. Der Druck der Hydrozylinder kann dadurch so weit herabgemindert werden, daß er dem Eigengewicht des Werkstückes die Waage hält. Eine weitere beachtenswerte Eigenart der Vorrichtung besteht darin, daß die Bohrstangenführungsbuchsen o_1 und o_2 (Bild 110) in den gehärteten Lagergehäusen n_1 und n_2 befestigt sind und sehr schnell ausgewechselt werden können (Bild 107). Ferner ist an der Vorrichtung noch ein Stirnräderpaar (Bild 110 g und h) angebracht, das beim Abplanen der Lagerstirnflächen mit einem Räderpaar der Anflächvorrichtung in Eingriff gebracht wird, wenn diese benutzt wird.

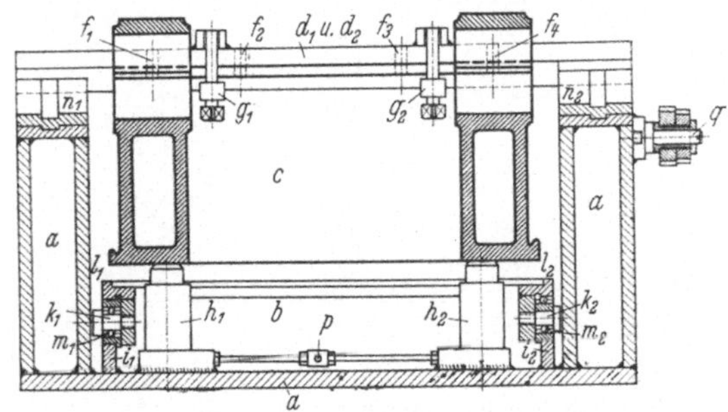

Bild 107. Bohrspannvorrichtung mit eingespannter Motorgrundplatte

a Vorrichtungskörper; n_1 und n_2 Lagergehäuse für die Aufnahme der Lagerbuchsen o (s. Bild 110); b Wagen für die Aufnahme des Werkstückes c zu seiner Einbringung in die Vorrichtung; d_1 und d_2 Schienen für die Aufnahme, Bestimmung und Befestigung des Werkstückes durch die Paßstifte $f_1 \cdots f_8$ und Spannbügel $g_1 \cdots g_4$; h_1 und h_2 Hydrozylinder zum Anheben des Werkstückes bis an die Aufnahmeschienen $d_1 \cdots d_2$; i_1 und i_2 Laufschienen für Wagen b; $k_1 \cdots k_4$ Laufzapfen; $l_1 \cdots l_4$ Laufräder; $m_1 \cdots m_4$ Kugellager; p Preßwasser- oder Druckölanschluß; q Laufzapfen für Stirnradantrieb zum Vorschubgetriebe für Abflächvorrichtung Bild 110

Für die Bearbeitung der Lagerstühle sind erforderlich je eine Schruppbohrstange zum Vorschruppen der Lagerbohrungen, eine Schlichtbohrstange zum Feinstbohren dieser Bohrungen und eine Bohrstange mit Werkzeugen zum Abplanen der Lagerstirnflächen. Alle diese Bohrstangen erhalten ihren Vorschub nicht vom Bohrwerk, sondern haben selbsttätigen Vorschub. Wegen ihres zu erwarteten Durchhanges werden sie auch nicht im Setzstock des Bohrwerkes, sondern in den bereits erwähnten, näher an den Lagerstühlen liegenden Lagern der Vorrichtung doppelt geführt, und da die Bohrwerksspindel je nach der Güte, der Beschaffenheit und dem Alter des Bohrwerkes, seines Fundamentes und seiner Aufspannplatte bei einer Bewegung in Längsrichtung leicht etwas schief ziehen könnte, so daß Fluchtungsfelder entstehen könnten, werden die Bohrstangen auch alle nicht fest mit der Bohrwerksspindel gekuppelt, sondern über eine Ausgleichskupplung[1], so daß das Bohrwerk hier nur als Antrieb dient. Es würde also auch eine „billige" Bohreinheit ohne Vorschubgetriebe für das Ausbohren und Anflächen der Lagerstühle in diesem Falle vollauf genügen. Dementsprechend sind auch die Ausbohrwerkzeuge konstruiert.

Auf Bild 108 wird die Schruppbohrstange a gezeigt, an der die beiden Bohrköpfe b_1 und b_2 durch die Gewindespindel c mittels Sternschaltung d in Längsrichtung bewegt werden, so daß beide Lagerstühle zugleich jeweils mit den beiden in den Bohrköpfen befestigten auf verschiedene Spantiefen eingestellten Drehmeißeln f_1 und f_2 ausgeschruppt werden können. Hierbei können mit diesem Werkzeug nur grobe Vorschübe mit mindestens 0,5 mm/Umdrehung eingehalten werden. Bild 109 zeigt die ebenfalls selbsttätige Schlicht-Schruppstange a, die in der gleichen Weise arbeitet wie die Schrupp-Bohrstange, aber eine Einrichtung

---

[1] Siehe III. Teil, 6. Aufl., Bild 104.

für einen kontinuierlichen Vorschub d besitzt, so daß die Bohrköpfe b_1 und b_2 von der Gewindespindel c einen feinen Längsvorschub erhalten. Die beiden Schneidmeißel f_1 und f_2 sitzen jeweils in den Stahlhaltern g_1 und g_2 mit Feineinstellung. (Siehe II. Teil, 7. Aufl., Bild 123.)

Die Abflächvorrichtung ist zusammen mit den Führungsbuchsen o_1 und o_2 und den Lagergehäusen n_1 und n_2 in Bild 110 dargestellt. Letztere sind ein Teil der Hauptvorrichtung und mit dieser dauernd fest verbunden. Die Anflächvorrichtung ist mit den vier mit den Anflächmeißeln bestückten schrägverzahnten Meißelbalken c_1 bis c_4 versehen, die von innen heraus gleichzeitig und selbsttätig durch die bereits erwähnte Vorschubeinrichtung über die Zahnstange b mit den vier Schrägverzahnungen

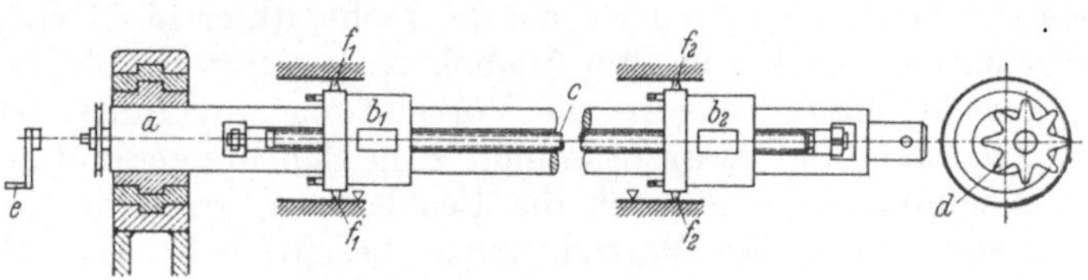

Bild 108. Selbsttätige Schruppbohrstange

a Bohrstange, b_1 und b_2 Bohrköpfe, in Achsrichtung durch Gewindespindel c; c selbsttätig mittels Sternschaltung d bewegt; e Handkurbel zum Einstellen von b_1 und b_2; f_1 und f_2 Schneidmeißel

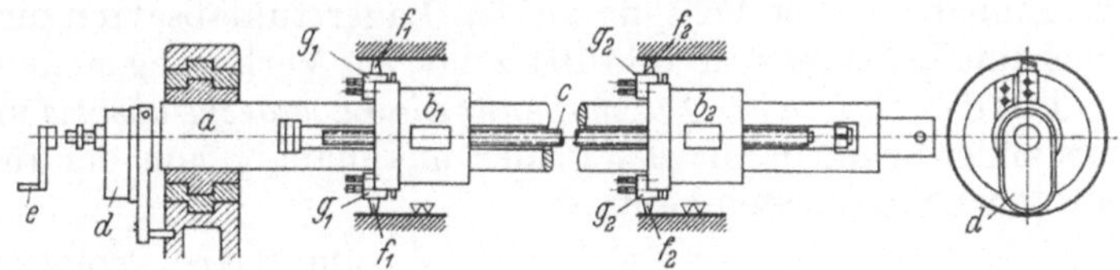

Bild 109. Selbsttätige Schlichtbohrstange

a Bohrstange; b_1 und b_2 Bohrköpfe, in Achsrichtung durch Gewindespindel c mittels Einrichtung für kontinuierlichen Vorschub d selbsttätig bewegt; e Handkurbel zum Einstellen von b_1 und b_2; f_1 und f_2 Schneidmeißel; g_1 und g_2 Stahlhalter mit Feineinstellung

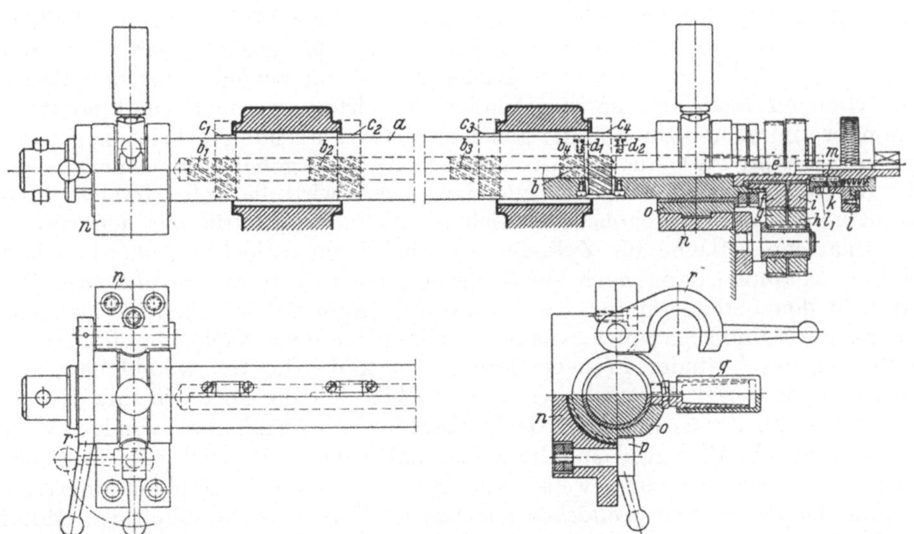

Bild 110. Abflächvorrichtung für die Stirnseiten der Lagerstähle von Motorgrundplatten zur Bohrvorrichtung [(s. Bilder 106 und 107)

a Bohrstangenkörper; b Zahnstange mit den vier Schrägverzahnungen $b_1 \cdots b_4$, in a verschiebbar, bewegt dadurch die ebenfalls schräg verzahnten Meißelhalter $c_1 \cdots c_4$; d_1 und d_2 Stelleisten für die spielfreie Ein- und Nachstellbarkeit der Meißelhalter; e Spindelmutter, wird von dem auf der Bohrstange a befestigten Stirnrad f über die Räder g, h und i sowie über die schrägverzahnte unter Federdruck stehende Klauenkupplung k angetrieben; l gekordeltes Handrad mit schräger Nut l_1 bewegt bei Verdrehung von Hand die Klauenkupplung k mittels des Stiftes m nach rechts und schaltet somit den Transport ab; n_1 und n_2 Lagergehäuse, Teile der Vorrichtung Bild 107, mit dieser dauernd fest verbunden; q Handgriff für das Einsetzen des Lagers o in n, dient gleichzeitig als Fettpresse zur Schmierung des Lagers; r Schwenkriegel, an n angelenkt, dient als Verschluß für a während des Betriebes; p Riegel verbindet Lagerbuchse o mit Lagergehäusen

b_1 bis b_4 verschoben werden. Mit den Stelleisten d_1 und d_2 können die Meißelbalken (Meißelhalter) spielfrei ein- und nachgestellt werden. Die Vorrichtung muß im Betriebe nach beiden Längsrichtungen hin scharf begrenzt werden. Das geschieht auf dem rechten Ende durch Anschlaggewinderinge und auf dem linken durch einen an der Grundlagerschale n angelenkten Schwenkriegel p. Zwecks leichterer Einführung kann die linke Lagerführung etwas schwächer gehalten werden als die rechte (hier nicht vorgesehen). Die Anflächvorrichtung sowie die zum Ausbohren benutzten Bohrstangen werden sämtlich von rechts nach links in die Vorrichtung eingeführt. Die Abflächvorrichtung ist zweimal, und zwar je einmal zum Schruppen und Schlichten, auszuführen.

Nachfolgend wird noch die Bearbeitung größerer Motorengrundplatten mit den entsprechenden Vorrichtungen beschrieben. Das *Hobeln der Grund- und Oberfläche sowie der Absätze für die Lagerdeckel* geht in derselben Weise vor sich wie bei den Grundplatten einzylindriger Motoren. Allerdings werden je nach der Länge der Grundplatten längere Hobelmaschinen eingesetzt werden müssen. Für die Einhaltung der Passung an den Lagerstuhlabsätzen für die Lagerdeckel muß auch eine Lehre, wie sie Bild 104 zeigt, zur Verfügung stehen.

Für das *Prüfen der Paßmaße für die Lagerdeckelabsätze* muß eine zweite Lehre vorhanden sein, damit der Prüfer unabhängig von der für die Bearbeitung benutzten Lehre messen kann.

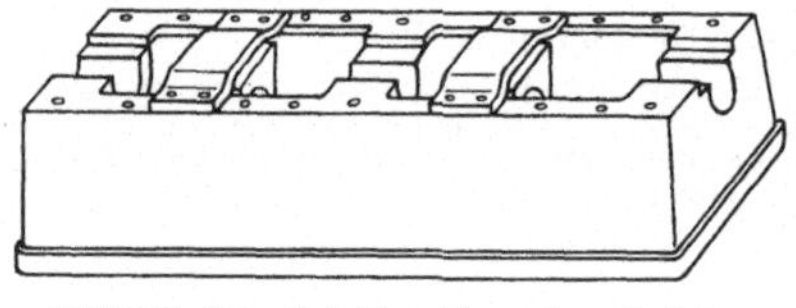

Bild 111. Grundplatten für mehrzylindrige Motoren

Zum *Bohren sämtlicher Löcher* an Grundplatten für mehrzylindrige Motoren (Bild 111) würde eine Bohrschablone für die gesamte Länge zu groß und teuer sein. Es genügt hierfür, wie sich in der Praxis erwiesen hat, eine Teilschablone für ein Zylinderfeld, die wie die in Bild 105 gezeigte über zwei Lagerstellen reicht und zunächst für den Bereich von Zylinder I nach dem entsprechenden Mittelriß ausgerichtet und damit entfernungbestimmt und sonst in der gleichen Weise, wie schon beschrieben, gemittet und festgespannt wird. Auch die Löcher werden ebenso gebohrt. Nach dem Bohren aller im Bereich des Zylinder I liegenden Löcher wird die Bohrschablone losgespannt und so weit verschoben, bis sich ihr Zylindermittelriß mit dem auf der Grundplattenoberfläche für Zylinder II angerissenen deckt. Außerdem kann die Bohrschablone dann noch zur Sicherheit gegen Verschieben mit zwei Paßstiften in den bereits im Bereich des zweiten Lagerstuhles gebohrten zwei Paßlöchern fixiert und sogar noch genauer bestimmt werden. Nach dem Bohren der im Bereich des Zylinder II liegenden Löcher kann die Bohrschablone wieder losgespannt und weiter verschoben werden, bis sich ihr Mittelriß mit dem für Zylinder III an der Grundplatte deckt usw. je nach Anzahl der Zylinder. Wenn die Motoren nicht allzu groß sind, kann man natürlich auch gleich eine Bohrschablone für den Bereich von jeweils zwei Zylindern als Teilschablone anfertigen.

Zum *Ausbohren und Anflächen der Lagerstellen* an mehrzylindrigen Motorgrundplatten würde eine Bohrspannvorrichtung wie die in den Bildern 106 und 107 gezeigte, die die ganze Grundplatte aufnimmt, natürlich zu groß, zu schwer und zu teuer sein. Hier hilft man sich, indem man zur genauen Lagerung der Ausbohr- und Anflächwerkzeuge vor jedem Lagerstuhl der Grundplatte oder bei längeren Grundplatten mindestens vor jedem zweiten Lagerstuhl eine Vorrichtung wie die in Bild 112 gezeigte oder eine so ähnliche auf die obere Fläche der Grundplatte (Bild 111) setzt und sie mit den Paßschrauben i_1 und i_2 festspannt. Da diese Löcher durch eine Bohrschablone gebohrt worden sind, die in den beiden

Paßabsätzen der Lagerstühle gemittet worden war (Bild 105), ist die Ausbohrvorrichtung *a* von den Paßlöchern aus genau gemittet. Das mit seinem Fuß in einem Paßabsatz auf Mitte Vorrichtung angeschraubte Lager *b* kann auch auf Mitte Lagerbohrung geteilt sein, was für das Ausbohren der Lagerstühle von Großmotorengrundplatten wegen der dann leichteren Einbringung der langen und schweren Bohrwellen *d* bei noch nicht aufgesetzten Grundlagerdeckeln ratsam ist. Die Bohrwellen brauchen dann nicht durch alle Lagerstellen geschoben werden. Natürlich müssen dann auch die Lagerbuchsen *c* geteilt sein. In jedem

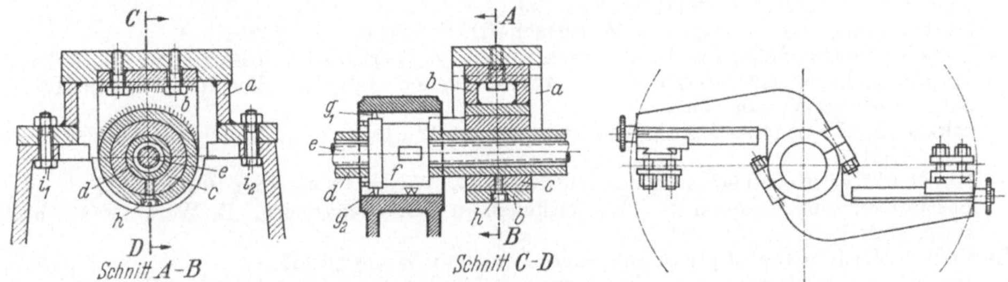

Bild 112. Ausbohrvorrichtung für mehrzylindrige Motorgrundplatten Bild 111

Bild 113. Doppelflügelsupport, aufklemmbar auf Bohrwelle

a Vorrichtungskörper mit Führungslager *b* und eingebauter Lagerbuchse *c*, *d* Bohrwelle, *e* Vorschubspindel, *f* Bohrkopf, g_1 und g_2 Schneidmeißel, *h* Innenvierkantschraube gegen Verdrehung der Lagerbuchse, i_1 und i_2 Paßschrauben

Fall ist aber die Lagerbuchse durch die Innenvierkantschraube *h* gegen Verdrehen zu sichern. Bei größeren Lagerdurchmessern sollten aufklemmbare (geteilte) Bohrköpfe verwendet werden. Die Ausführung der Bohrstangen und der Anflächvorrichtung als werkzeugtragende bzw. werkzeugsteuernde Arbeitsvorrichtungen ist auch für Grundplatten für mehrzylindrige Motoren die gleiche, wie sie auf den Bildern 108 und 109 gezeigt ist; mit der Ausnahme, daß sie entsprechend länger und stärker sein müssen. Allerdings kann die auf Bild 110 gezeigte Anflächvorrichtung nicht für allzu große Grundlager angewendet werden. Vielmehr muß dann ein auf die Bohrstange (Bohrwelle) aufklemmbarer Doppelflügelsupport (fliegender Support) nach Bild 113 benutzt werden.

Schrifttum und Firmen

Zur Erlangung weiterer Kenntnisse über das Gebiet „Vorrichtungsbau" mögen folgende Hinweise dienen.

1. Schrifttum über Vorrichtuungsbau

DEURING, K.: Spannen im Maschinenbau, 2. Aufl., Werkstattbücher Heft 51, Berlin/Göttingen/Heidelberg: Springer-Verlag 1953.

FERLING, W. PH.: Grundsätzliches zur Konstruktion und zum Einsatz von Betriebsmitteln. Techn. Rundschau 50 (1958) Nr. 24 u. 33.

— Vorrichtungen so? — oder so? Z. wirtschaftl. Fertigung 54 (1959) Nr. 4.

— Umgang mit Schnellspann-Bohrvorrichtungen. Z. Werkstatt und Betrieb 90 (1957) Nr. 2.

— Hydraulische Werkstückspanner, Werkstattbücher Heft 122, Berlin/Göttingen/Heidelberg: Springer-Verlag 1961.

HEIMBERGER, M.: Lagebestimmen und Spannen von Werkstücken. Z. Werkstatt und Betrieb 1961, Heft 7.

— Konstruktive Einzelheiten an Vorrichtungen. Z. Werkstattstechnik 1961, Heft 1.

— Bestimmen und Spannen von Werkstücken in Schnellspannern. Z. Werkstattstechnik 1962, Heft 1.

LUKOWSKI, J.: Kraftbetätigte Spannzeuge, München: Hanser 1957.

MAURI, H.: Vorrichtungsbau I: Einteilung, Aufgaben und Elemente der Vorrichtungen, 9. Aufl., Werkstattbücher Heft 33, Berlin/Heidelberg/New York: Springer-Verlag 1969.

— Vorrichtungsbau II: Typische allgemein verwendbare Vorrichtungen (Konstruktive Grundsätze, Beispiele, Fehler), 7. Aufl., Werkstattbücher Heft 35, Berlin/Heidelberg/New York: Springer-Verlag 1968.

— Vorrichtungsbau III: Wirtschaftliche Herstellung und Ausnutzung der Vorrichtungen, 6. Aufl., Werkstattbücher Heft 42, Berlin/Heidelberg/New York: Springer-Verlag 1971.

SCHEIBE, H. E.: Hilfsbuch für Vorrichtungskonstrukteure, 6. Aufl., Braunschweig: Schmidt 1958.

SCHREYER, K.: Werkstückspanner (Vorrichtungen), 3. Aufl., Berlin/Heidelberg/New York: Springer-Verlag 1969.

2. Firmen

Bohner und Köhle, Eßlingen: Mitlaufende Körnerspitzen.

Dynamit-Aktien-Gesellschaft Troisdorf: Plastische Masse Weichmipolam.

Forkardt, P., Düsseldorf: Kraftbetätigte Futter.

Metz KG, Aschaffenburg: Mehrspindelbohrköpfe.

Peiseler, Remscheid: Schnellspanner und Allgemeinvorrichtungen.

Der Verfasser dankt auch an dieser Stelle den oben angeführten Firmen für das ihm durch Überlassung von Unterlagen gezeigte freundliche Entgegenkommen.

Sachverzeichnis